导航与时频技术丛书

导航时空基准

孙付平　朱新慧　编著

科学出版社
北京

内容简介

随着卫星导航与位置服务技术的普及应用，人们越来越迫切想要了解导航及其时空基准方面的知识。本书系统而全面地讨论时空基准的含义、理论、方法及其在导航中的应用等内容，主要涵盖天球参考系、地球参考系、垂直基准、时间系统、卫星导航中的时间基准等。

本书可供导航工程、测绘工程、地球科学、航空航天、海洋测绘等专业的师生使用，也可供相关领域的科研工作者和工程技术人员参考。

图书在版编目(CIP)数据

导航时空基准 / 孙付平，朱新慧编著．—北京：科学出版社，2022.11

(导航与时频技术丛书)

ISBN 978-7-03-073907-0

Ⅰ.①导…　Ⅱ.①孙…　②朱…　Ⅲ.①卫星导航—时空—定位标记　Ⅳ.①P229

中国版本图书馆 CIP 数据核字(2022)第 220816 号

责任编辑：张艳芬　李　娜 / 责任校对：胡小洁

责任印制：吴兆东 / 封面设计：蓝　正

科学出版社 出版

北京东黄城根北街 16 号

邮政编码：100717

http://www.sciencep.com

北京厚诚则铭印刷科技有限公司印刷

科学出版社发行　各地新华书店经销

*

2022 年 11 月第　一　版　开本：720×1000 1/16

2025 年 5 月第三次印刷　印张：12 1/2

字数：233 000

定价：118.00 元

(如有印装质量问题，我社负责调换)

“导航与时频技术丛书”序

“四方上下曰宇，古往今来曰宙”，宇宙是空间和时间的统一。认知时空离不开导航与时频技术。

导航时频已成为是国际科技竞争的战略制高点。伴随计算机、通信、航天、微电子等技术的发展，导航与时频技术得到了蓬勃发展，迈入了天基卫星导航、高精度原子钟时代，实现了定位、导航、授时的一体化。激光惯性导航、地磁匹配、重力匹配、视觉导航、水声信标导航等技术也得到快速发展，脉冲星导航、量子导航、冷原子钟等新技术开启了导航时频技术的新纪元。

战略支援部队信息工程大学是国内最早开展导航时频工程研究的院校，导航与时频团队先后承担北斗系统工程需求论证、技术攻关、试验验证等重大任务30余项，在北斗导航、载人航天、探月工程、南极科考等国家重大工程中发挥了重要作用。

为了介绍导航与时频领域理论和技术的最新进展，特别是结合国家综合PNT体系建设的重大需求，我们组织了策划了“导航与时频技术丛书”。本丛书通过阐述导航时空基准、北斗卫星导航、天文导航、无线电导航、惯性导航、激光雷达、视觉导航等技术，来展示导航与时频技术的基本原理、最新进展和典型应用。丛书原创性强、前沿性强，图文并茂，凝结了各位作者多年研究成果，力图为推动我国导航和时频技术发展尽绵薄之力。

丛书的出版得到了战略支援部队信息工程大学和科学出版社的大力支持，在此表示深深的谢意。欢迎广大读者对丛书提出宝贵意见和建议。

2022年6月于郑州

前　言

时空基准是度量事物时空特征的起算依据，包括起算点（称为基准点）、起算面（称为基准面）和标准值。时空基准包括坐标基准、时频基准、垂直基准等。人类一切活动都离不开时空基准。从古至今，人类每天必须面对的基本问题是，现在什么时间？我在哪里？未来什么时间？我要去哪里？古人通常把日月星辰、山川河流、城镇村庄作为日常活动的时空参考基准，形成了天圆地方、以我为中心的朴素时空观。随着科学技术的发展，人类活动范围的日益扩大，空间基准的广度由局部（城市）坐标基准和区域（国家）大地坐标基准，到全球地固参考框架和地心天球参考框架，再到太阳系和银河系质心参考框架；空间基准的精度由千米、米，到分米、厘米、毫米，再到微米、纳米；时间基准的精度由时、分、秒，到毫秒、微秒、纳秒，再到皮秒、飞秒；由经典牛顿时空观到相对论时空观，时间和空间由相互独立到密不可分，时空基准的广度日益拓展，时空度量精度日益提高，时空基准已经融入人类生活的各个方面，成为世界各国经济发展、国防建设和科学研究的重要支撑，是各个国家必不可少的基础设施。

导航是引导个人或者运动载体沿着选定的路线准时到达目的地的过程，需要不断地回答"现在什么时间？我在哪里？"等问题，这离不开时空基准的支撑。在卫星导航出现之前，复杂精准的导航通常需要专业的人员和装备才能完成，大部分人对精准导航的需求并不迫切，了解时空基准的愿望并不强烈。卫星导航与位置服务技术的普及应用，深刻改变了人类的生活，卫星导航与位置服务技术已经与人们的日常生活密不可分，相关从业人员数量剧增，有更多的人想要了解导航时空基准，学习相关知识，从事相关服务，这就是本书撰写的初衷。

本书撰写的目的是帮助读者理解时空基准的含义，掌握构建时空基准的理论和方法，了解其在导航中的应用。本书共 9 章，第 1 章简述导航时空基准的概念和作用、现状和发展情况；第 2 章介绍空间基准基础知识，包括坐标系的定义、不同表示形式和坐标系间的坐标转换等；第 3 章和第 4 章分别阐述天球参考系和地球参考系的概念、定义、建立与维持的理论和方法，给出上述两种坐标系之间的转换方法；第 5 章介绍国际地球参考框架，详细阐述国际地球参考框架的定义和实现方法;第 6 章重点介绍卫星导航常用空间基准,同时对其他区域地心参考框架和我国常用的坐标系统进行介绍;第 7 章介绍垂直基准的定义、分类以及当前国内外垂直基准的发展情况;第 8 章和第 9 章介绍与时间基准相关的内容,包括时间和时间系统的定义、建立与发展,以及授时和守时技术与发展。

在撰写本书的过程中,傅彦博、戴海亮、蔡富、贾彦锋、柯能、宋德彪等研究生制作了部分图表,在此表示感谢。本书得到了国家自然科学基金面上项目(41804018)的支持,在此表示诚挚的谢意!

限于作者水平,书中难免存在不足之处,恳请读者批评指正。如有意见或建议,请发送邮件至 gnss_zzzxh@126. com,不胜感激。

目　录

第1章　绪　　论

卫星导航系统之所以具有重大的应用价值，原因之一在于用户可以通过它获得其位置、速度和时间等准确信息，而这些信息的准确获取与其稳定可靠的时空基准是分不开的。本章首先简要介绍导航与定位的概念，然后介绍目前世界的四大主要卫星导航系统，包括美国的全球定位系统(global positioning system，GPS)、俄罗斯的格洛纳斯卫星导航系统(global navigation satellite system，GLONASS)、欧盟的伽利略卫星导航系统(Galileo navigation satellite system，Galileo)和我国的北斗卫星导航系统(BeiDou navigation satellite system，BDS)，接着给出时空基准的概念和时空基准在卫星导航定位中的作用，最后介绍时空基准的现状和发展情况。

1.1　导航与定位

导航与定位是两个不同的概念，但两者又密不可分。在日常应用及学术论著中常有混淆，下面分别对其进行介绍。

1.1.1　导航

导航是一个技术门类的总称。导航最基本的作用是引导飞机、舰船、车辆(或运动载体)、个人安全准确地沿着选定的路线，准时地到达目的地。导航的前提是确定位置，为运动物体提供实时的位置信息是导航系统的基本任务，因此导航是一种广义的动态定位。能够向运动物体的操纵者或使用者提供运动物体的位置、速度、航向等即时运动状态的系统称为导航系统。

导航由导航系统完成，任何导航系统中都包含装在运载体上的导航设备，驾驶员或自动驾驶仪根据导航设备的仪表指示或输出的信号，便能在任何陌生的环境中，不管是白天或夜晚，雨天、雾天或晴天，夏天或冬天，操纵运载体准确地向目的地前进。这种指示或信号的内容称为导航信息。如果装在运载体上的设备可单独产生导航信息，便称其为自主式导航系统。目前使用的更多导航系统除了要有装在运载体上的导航设备，还需要有设在其他地方的一套设备与之配合工作，才能产生导航信息。此时装在运载体上的导航设备分别称为机载、船(舰)载或车载导航设备，而设在其他地方的设备称为导航台。导航台不输出导航信息，一般设在陆地上，也有设在船(舰)上的，飞机上设导航台的不多。导航台与运载体上的导航设备用无线电波相联系，形成一个导航系统，称为陆基导航系统。运载体进入导航台所发射的电磁波的覆盖范围后，它的导航设备便能输出导航信息。如果导航台设在人造地球卫星上，便是卫星导航系统。陆基导航系统和卫星导航系统又总称为无线电导航系统(李跃，2008)。

导航系统所完成的功能也称为导航或导航服务。在海湾战争中，在阿拉伯半岛没有任何地形可参照的沙漠上，从沙漠盾牌到沙漠风暴直至战后扫雷与救援，多国部队几乎每一种战术操作都离不开卫星导航系统的引导，从而对只有少量卫星导航设备的伊拉克军队形成了明显的军事优势。例如，在沙漠风暴中，多国部队利用声东击西战略，大量部队穿过伊拉克西大沙漠到幼发拉底河一线，对伊军实施战略迂回包围，这全靠卫星导航系统的精确指引。

以上例子说明，导航是人类从事政治、经济和军事活动所必不可少的信息技术之一(李跃，2008)。

1.1.2 定位

定位是利用观测仪器或设备对物体所在的位置进行测量，测量后确定的位置即为定位的结果。定位有绝对定位与相对定位之分。绝对定位即直接测定三维坐标，而相对定位通过测定坐标差，再经过推算得到坐标。

1.1.3 导航与定位的关系

无论是导航还是定位，目的都是确定一点的几何位置，其基本技术手段都是借助观测量建立未知点(待测点或导航用户点)与已知点间的数学关系，从已知点位求解未知点位。这种观测量可以是方向(光学技术)，也可以是距离或距离差(距离变化率)；其中已知点可以是恒星(方向)，也可以是地面点(控制点或导航台站)；已知点、未知点和观测量之间的数学关系，也可称为数学模型，通常是建立在几何基础上的数学关系式(方程)，通过观测取得一定数量的方程，进而解算未知点的位置。在发展过程中，其都与取得观测量的技术手段密切相关(许其凤，2001)。

导航与定位的工作条件不同、技术要求不同，因而具体技术、应用范围和发展也有所不同。一般测量定位要求的定位精度较高(如厘米级或更高)；导航所要求的定位精度较低。测量定位的点位大多处于静止状态，它允许采用多次观测以提高定位精度，允许事后处理取得定位结果；导航的用户点大多处于运动状态，因而它要求实时提供定位结果，一般不能通过多次观测来提高精度；测量定位的作用范围可以较大(如数千千米)，也可以较小(如千米、几十米)；现代导航还提供测速功能，测量的对象则处于零速状态；一般导航作用距离较远。导航要求在时间上提供连续服务，而测量不做要求。总体来讲，两者在时域和空域方面的要求存在差异，也存在不同的发展过程和方式(郝金明等，2015)。

1.2 卫星导航系统

卫星导航系统是以人造地球卫星为参考点的无线电导航系统，其具有高精度、全天候、全天时、全球覆盖、实时连续的独特优势，因此在各专业应用领域和大众消费市场获得了广泛应用，对人们的生产和生活方式产生了深远影响，促进了国民经济发展和科技进步，是国家安全和国民经济不可或缺的基础设施。

目前，世界上已建和在建的主要有四大全球卫星导航系统，分别是美国的GPS、俄罗斯的GLONASS、欧洲的Galileo和我国的北斗卫星导航系统。

1.2.1 美国的GPS

GPS是一个全球性、全天候、全天时、高精度的导航定位和时间传递系统。该系统由美国空军开发、维护和运营。其主要由空间部分、地面控制部分和用户端三部分构成。空间部分确保在95%的时间内至少有24颗卫星可用，这些卫星分布在6个倾角为55°的轨道平面内，高度约为20200km，运行周期为11h58min02s(GPS ICD，2012)。截至2022年4月23日，GPS星座中共有30颗可运行卫星，包括7颗BLOCK ⅡR卫星、7颗BLOCK ⅡR-M卫星、12颗BLOCK ⅡF卫星和4颗GPS Ⅲ/ⅢF卫星，不包括退役的和在轨备份的卫星(Harold，2019)。地面控制部分由一个主控站、一个备用主控站、11个命令控制天线及16个监测站组成。用户端由GPS接收机组成，负责接收GPS信号，并通过解码获取导航信息，进而解算出用户的三维坐标和时间。

GPS计划自1973年起步，1978年首次发射卫星，1994年完成24颗中圆地球轨道(medium earth orbit，MEO)卫星组网，且全球覆盖率高达98%，共历时16年，耗资120亿美元。1996年，美国提出GPS现代化计划。美国政府为了提高其在全球导航市场中的竞争力，已于2000年5月1日午夜撤销对GPS的选择可用性(selective availability，SA)技术。自2005年9月26日开始发射BLOCK ⅡR-M卫星，到2009年8月17日共发射了8颗卫星，此后美国空军又改进了GPS BLOCK ⅡF卫星，通过强化性能来推进GPS的现代化(郝金明等，2015)。2018年12月23日美国成功发射了第一颗GPS Ⅲ卫星，2019年8月22日，美国第二颗GPS Ⅲ卫星升空。最后一颗GPS F卫星预计在2034年发射，届时将宣告GPS现代化进程的结束(Harold，2019)。

GPS 是一个军民两用系统，通过 L1、L2 和 L5 三个频段提供两个等级的服务(表 1.1)，采用的是码分多址技术。L1 频段发播 4 种信号，分别是两个民用信号 L1C/A、L1C 和两个授权信号 L1P(Y)和 L1M。L1C/A 和 L1P(Y)是 GPS 最初提供的信号，其中 C/A 码是对全球用户公开的；P(Y)码是为美国政府和军方提供精密定位的授权信号。1999 年，GPS 采用了新的授权信号 L1M，其优势在于不仅跟踪精度较 P(Y)码提高了一倍，而且与民用信号 L1C/A 实现了频谱分离。2018 年，美国在 GPS Ⅲ卫星上启用了新的民用信号 L1C，L2 频段发播一个民用信号 L2C 和两个授权信号 L2P(Y)、L2M，其功能与 L1C/A、L1P(Y)和 L1M 相似。L5 频段的导航信号纯民用，其于 2009 年在 GPS ⅡR-20(M)卫星上试验成功，并于 2014 年开始在 L5 频段上广播导航信号(刘春保，2019；Harold，2019；刘健等，2020)。

与之前的 GPS 卫星相比，GPS Ⅲ卫星的精度提高了 3 倍，抗干扰能力提高了 8 倍。航天器的寿命将由 12 年延长到 15 年。目前，民用 GPS 接收机的精度为3～10m，有了新的卫星，在良好的条件下，民用接收机的精度可以提高到 1～3m。GPS Ⅲ卫星增加了新的 L1C 民用信号，也将使其成为第一颗与 Galileo 等其他国际全球卫星导航系统兼容的 GPS 卫星，从而改善了民用用户的连通性，但是在新的地面控制系统准备好之前，新的民用频率根本无法使用。为了提高抗干扰能力，GPS Ⅲ卫星增加了发射功率并采用了新的抗干扰措施，抗干扰能力提高了 8 倍。为了适应未来的“导航战”，可以根据需要迅速关闭特定地理位置的导航信号发送或者增强特定区域的信号强度。GPS Ⅲ卫星增加了数据上行功能，这意味着用户可以通过 GPS 卫星发送短信，也就是说美国的新 GPS 卫星也效仿中国的 BDS，可以发送短信。

表 1.1 GPS 发播信号与频段

频段	L1				L2			L5
中心频点/MHz	1575.42				1227.6			1176.45
带宽/MHz	20.46				20.46			20.46
调制方式	L1C/A	L1C	L1P(Y)	L1M	L2C	L2P(Y)	L2M	QPSK
	BPSK(1)	TMBOC(6,1,1,4/33)	BPSK(10)	BOC(10,5)	BPSK	BPSK(10)	BOC(10,5)	

注：BPSK 为二进制相移键控(binary phase-shift keying)；TMBOC 为时分复用的二进制偏移载波(time multiblexed binary offset carrier)；BOC 为二进制偏移载波(binary offset carrier)；QPSK 为正交相移键控(quadrature phase-shift keying)。

此外，为了提高导航精度、可用性和完整性，世界各地发展了各种差分系统。特别是利用地球静止轨道卫星建立的地区性广域差分增强系统，如美国广域增强系统(wide area augmentation system，WAAS)，欧洲星基增强系统(European geo-stationary navigation overlay service，EGNOS)及日本星基增强系统(multi-functional transport satellite-based augmentation system，MSAS)等，可提供附加区域卫星导航测距信号、导航精度校正数据和在轨导航卫星的可用信息，成为显著提高导航精度和可靠性的重要手段。

1.2.2 俄罗斯的GLONASS

GLONASS是俄罗斯的军民两用系统，与GPS类似，可为全球用户提供陆地、海上及空中的定位和导航服务。GLONASS由苏联于1978年开始研制。1995年，GLONASS完成24颗中圆地球轨道卫星加1颗备用卫星组网，耗资30多亿美元，由俄罗斯国防部控制。GLONASS空间部分由24颗卫星组成，卫星高度为19130km，位于3个倾角为64.8°的轨道平面内，其周期为11h15min，8天内卫星运行17圈回归，3个轨道面内的所有卫星都在同一条多圈衔接的星下点轨迹上顺序运行(GLONASS ICD，2008)。这有利于消除地球重力异常对星座内各卫星的影响差异，以稳定星座内部的相对布局关系。

GLONASS工作原理与GPS相似，但它对各个卫星采用频分多址，而不是码分多址，它的码速率是GPS的1/2。GLONASS未达到GPS的导航精度，它的主要优势是没有加SA干扰技术，民用精度优于加SA干扰技术的GPS。其应用普及情况远不及GPS。GLONASS卫星在轨道上的平均寿命较短，后期延长为5年。前期由于经济困难无力补网，原来在轨卫星陆续退役。1998年12月和2000年10月俄罗斯各发射3颗卫星，当时轨道上只有6颗卫星可用，不能独立组网，只能与GPS联合使用。2002年以后，随着俄罗斯的经济好转和总统普京试图重振俄罗斯大国雄风的努力，GLONASS的复兴开始提上日程。2002年，在轨运行卫星增加到8颗，此后2003年、2004年、2005年分别增加到10颗、11颗、12颗。更重要的是，2003年发射的卫星，是GLONASS卫星的重大改进版本，称为GLONASS-M卫星。GLONASS-M卫星于1990年开始研制，原定于1994年发射，因故推迟了近10年。此后几年内，质子火箭稳定地发射GLONASS-M卫星，2008年联盟火箭也开始参与GLONASS卫星的发射，同年GLONASS星座在轨运行卫星数量增加到18颗，堪称GLONASS复兴道路上的里程碑，意味着GLONASS可以为俄罗斯提供全境卫星导航服务。该系统在2007年开始运营，当时只开放俄罗斯境内卫星定位及导航服务，到2009年，其服务范围已经拓展到全球。该系统主要服务内容包括确定陆地、海上及空中目标的坐标及运动速度信息等。2011年1月，

GLONASS 在全球正式运行(郝金明等,2015)。2016 年 5 月,俄罗斯在普列谢茨克发射场发射一颗 GLONASS-M 导航卫星,并且顺利进入预定轨道。2019 年 5 月俄罗斯用“联盟-2.1B”火箭成功发射一颗 GLONASS-M 导航卫星。2020 年,GLONASS 的卫星数量已达 27 颗,其中 22 颗正在按照预期运行,3 颗在轨维护,1 颗在轨测试,还有 1 颗空闲。

另外,逐渐复苏的俄罗斯联邦航天局早在 2002 年就启动了第三代卫星导航系统 GLONASS-K 系列的研制工作(继 GLONASS 和 GLONASS-M 之后)。俄罗斯联邦航天局文件显示,俄罗斯联邦航天局计划 2019～2033 年发射 9 颗 GLONASS-K 卫星和 33 颗 GLONASS-K2 卫星。GLONASS-K 和 GLONASS-K2 卫星可传输更多导航信号,设计寿命最长达 10 年,比 GLONASS-M 卫星长(Ivan,2019;刘春保,2019;刘健等,2020)。

1.2.3 欧洲的 Galileo

Galileo 是欧洲设计、建设的卫星导航系统,具有比 GPS 更强大的功能、技术优势和服务模式。Galileo 由全球设施、局域设施、区域设施、服务中心以及用户部分组成,其核心是全球设施部分。Galileo 的工作原理与 GPS 相似。Galileo 的卫星星座由均匀分布在 3 个中高轨道面上的 30 颗卫星组成,包含 24 颗工作卫星和 6 颗备份卫星,轨道高度为 23616km,轨道倾角约为 56°(Galileo ICD,2015)。Galileo 的主要特点是多载波、多服务、多用户,除了具有全球导航定位功能,还具有全球搜索救援的功能。

Galileo 原计划于 1999 年初被正式提出。该计划几经周折,终于在 2001 年 4 月欧盟交通部长会议上获得批准:确定 30 颗卫星总投资为 35 亿欧元,主要投资将由欧洲联盟、欧洲航天局(European Space Agency,ESA)提供,并从欧洲工业界和私人投资商集资。经过多方论证后,Galileo 计划于 2002 年 3 月正式启动。Galileo 系统原计划在 2018 年达成建成的目标,运营费和维持费由私营企业组成的运营公司承担(郝金明等,2015),但由于技术等问题,延迟到了 2011 年。2010 年初,欧洲联盟委员会再次宣布,Galileo 将推迟到 2014 年投入运营。Galileo 计划的首批两颗卫星于 2011 年 10 月从位于法属圭亚那的库鲁航天发射中心成功发射升空。2012 年 10 月,随着欧洲 Galileo 计划第二批两颗卫星成功发射升空,该计划建设已取得阶段性重要成果。太空中已有 4 颗正式的 Galileo 卫星,可以组成网络,初步发挥地面精确定位的功能。这 4 颗卫星将组成一个微型网络以对系统进行初步测试,并确保今后发射的该计划其他卫星能准确进入预定轨道,并正常运转。2015 年 3 月,欧洲继续发射两颗 Galileo 导航卫星,欲抗衡 GPS。2016 年 11 月,4 颗欧洲 Galileo 导航卫星,由阿丽亚娜 5 型火箭(Ariane 5)在法属圭亚那的库鲁航天发射中心成功发射，此次发射的为Galileo计划的第15～18颗卫星。2016年12月，Galileo在布鲁塞尔举行了激活仪式，在轨工作卫星达到18颗，说明其已具备早期运行能力(early operation capability，EOC)。截至2018年8月，Galileo已有26颗卫星成功发射进入轨道，标志着其基本达到全面运行能力(full operation capability，FOC)。

Galileo独立于GPS，频段分开，但将与GPS兼容和互操作，包括时间基准和测地坐标系统、信号结构以及两者的联合使用。根据欧洲联盟委员会的文件，Galileo虽是民间系统，但仍受控使用，采取反欺骗、反滥用和反干扰措施，在战时可以对敌方关闭。

Galileo的设计能够与美国的GPS、俄罗斯的GLONASS相互兼容，提供更高精度和更为可靠的民用全球导航定位服务。其提供的五大服务如下：

(1)公开服务，提供免费的定位、导航和授时服务。

(2)生命安全服务，提供全球完好性信号，可以被加密，是公开服务信号的一部分。

(3)商业服务，涉及专业用户，是对公开服务的一种增值服务，以获取商业回报，具备加密导航数据的鉴别功能。

(4)公共特许服务，以专用的频率向欧洲共同体提供更广泛的连续性服务，受成员国控制。其主要用于欧洲国家安全、应急服务、安全监测，以及其他如能源、运输和通信应用的政府行为服务。

(5)搜救服务。在现有搜救服务的基础上，如国际搜索与救援系统COSPAS(Cosmicheskaya sistyema poiska avariynich sudov)、搜索和营救卫星辅助跟踪(search and rescue satellite-aided tracking，SARSAT)系统，将改进灾难信号的侦察时间和位置精度，并对接收灾难信息的用户提供补偿。

值得一提的是，从2019年7月12日1:50，Galileo服务中断了长达139h，至2019年7月17日20:52系统服务恢复。根据欧洲GNSS管理局发布的报告，此次系统宕机是由于Galileo地面基础设施的一个设备故障引发了技术事故，影响了用于计算导航信息的时间和轨道测算，并对导航电文的生成产生影响，同时影响到不同的地面设备。2017年1月18日，就在Galileo宣布初期服务上线一个月后，也出现有9台原子钟停止工作的现象，但在当时尚未发现原子钟停止工作对卫星运行的影响。

Galileo的全部30颗卫星本来计划于2020年发射完毕，届时将向全球提供定位精度在1～2m的免费服务和1m以内的付费服务，但在2019年7月出现停摆现象后，并未能按照原计划发射卫星完成组网任务。

1.2.4　我国的北斗卫星导航系统

北斗卫星导航系统是中国着眼于国家安全和经济社会发展需要，自主建设、独立运行的卫星导航系统，是为全球用户提供全天候、全天时及高精度的定位、导航和授时服务的国家重要空间基础设施。系统建设的目标是：建立世界一流的卫星导航系统，满足国家安全与经济社会发展需求，为全球用户提供连续、稳定、可靠的服务；发展北斗产业，服务经济社会发展和民生改善；深化国际合作，共享卫星导航发展成果，提高全球卫星导航系统的综合应用效益。

北斗卫星导航系统由空间段、地面段和用户段三部分组成。空间段由若干地球静止轨道（geostationary earth orbit，GEO）卫星、倾斜地球同步轨道（inclined geo-synchronous orbit，IGSO）卫星和中圆地球轨道卫星三种轨道卫星组成混合导航星座。地面段包括主控站、时间同步/注入站和监测站等若干地面站。用户段包括北斗兼容其他卫星导航系统的芯片、模块、天线等基础产品，以及终端产品、应用系统与应用服务等。

北斗卫星导航系统与 GPS、GLONASS、Galileo 原理相似，但同时具有自身的特点与优势：一是北斗卫星导航系统空间段采用三种轨道卫星组成的混合星座，与其他卫星导航系统相比，其高轨道卫星更多，抗遮挡能力更强，尤其是在低纬度地区，性能优势更为明显；二是北斗卫星导航系统提供多个频点的导航信号，能够通过多频信号组合使用等方式提高服务精度；三是北斗卫星导航系统创新融合了导航与通信能力，具备实时导航、快速定位、精确授时、位置报告和短报文通信服务五大功能。

20 世纪后期，中国开始探索适合本国国情的卫星导航系统发展路线，分三步实现：第一步，建设北斗卫星导航试验验证系统，于 2003 年建成，提供基本的定位、授时和短报文通信服务；第二步，在试验验证系统的基础上建设由 12 颗卫星组成的北斗区域卫星导航系统，兼容试验验证系统的全部功能，于 2012 年建成，覆盖亚太地区；第三步，建设北斗全球卫星导航系统，服务区域拓展到全球，已于 2020 年 7 月全面建成并宣布正式开通，为全球用户提供服务，系统性能优于俄罗斯的 GLONASS，与未来的 GPS 第三代性能相当。

北斗卫星导航系统的建设遵循开放、自主、兼容、渐进的原则，其内容如下（中国卫星导航系统管理办公室，2017）：

（1）开放。北斗卫星导航系统的建设、应用和发展将对全球开放，为全球用户提供高质量的免费服务，积极与世界各国开展广泛而深入的交流和合作，促进各卫星导航系统间的兼容与互操作，推动卫星导航系统建设与产业的发展。

（2）自主。中国将自主建设和运行北斗卫星导航系统，北斗卫星导航系统可独立为全球用户提供服务。

(3)兼容。在全球卫星导航系统国际委员会(International Committee on Global Navigation Satellite Systems,ICG)和国际电信联盟(International Telecommunication Union,ITU)框架下,北斗卫星导航系统与世界各卫星导航系统实现兼容与互操作,使所有用户都能享受到卫星导航发展的成果。

(4)渐进。北斗卫星导航系统将依据中国技术和经济发展实际,遵循循序渐进的发展模式,积极稳妥地推进系统建设,不断完善服务质量,并实现各阶段的无缝衔接。

我国于2000年和2003年先后发射了三颗“北斗一号”卫星,2003年12月双星系统正式开通运行,标志着我国第一代自主研发的北斗卫星导航系统已初步建成,2004年12月,中央军委批准北斗民用开放政策,北斗民用进入快速发展时期。“北斗一号”卫星导航系统由空间卫星、地面中心控制系统和用户终端三部分组成,具有快速定位、实时导航、简短通信和精密授时四大功能。其工作原理采用主动式定位方法,用户设备既接收来自卫星的导航定位信号,又要向卫星转发该信号,进而由中心站解算出用户所在的位置。“北斗一号”卫星导航系统是一种既投入小又能满足基本导航服务的区域卫星导航系统(郝金明等,2015)。

2007年4月,我国发射了一颗MEO试验卫星并进行了相关技术试验;2009年4月,在西昌卫星发射中心成功发射了第一颗“北斗二号”正式卫星,标志着“北斗二号”区域系统组网工作的正式开始。2012年10月,第16颗GEO卫星成功发射,系统已经能够实现亚太地区的覆盖,为亚太地区提供导航定位以及通信服务。我国北斗卫星导航系统于2012年12月正式启动区域性服务。北斗卫星导航系统虽然起步时间晚,但起点高、特色明显,在主要指标上不低于甚至优于美国GPS。2013年1月,北斗卫星导航系统正式投入商用,为北斗导航的大规模应用提供了很好的基础保障和发展契机。2014年11月,国际海事组织海上安全委员会审议通过了对北斗卫星导航系统认可的航行安全通函,这标志着北斗卫星导航系统正式成为全球无线电导航系统的组成部分,取得面向海事应用的国际合法地位。中国的卫星导航系统已获得国际海事组织的认可(郝金明等,2015)。

2015年7月,中国成功发射两颗北斗导航卫星,使北斗卫星导航系统的卫星总数增加到19颗。这对北斗卫星将为北斗全球组网承担“拓荒”使命。同时,作为北斗卫星导航系统全球组网的主要卫星,新发射的北斗双星将为中国建成全球卫星导航系统开展全面验证,为后续的全球组网卫星奠定了基础。2016年7月,中国把第23颗北斗导航卫星送入轨道,北斗卫星导航系统的民用用途成倍增加,尤其是在农牧业领域。另外,2017年11月,我国以“一箭双星”的方式成功发射了新的导航卫星北斗-3M1和北斗-3M2,即北斗卫星导航系统的第24颗和第25颗导航卫星。这两颗卫星属于中圆轨道地球卫星，是我国“北斗三号”第一、二颗组网卫星，开启了北斗卫星导航系统全球组网的新时代。2018 年 11 月，“北斗三号”基本系统星座部署圆满完成。2018 年 12 月，“北斗三号”基本系统完成建设，开始提供全球服务。截至 2019 年 11 月，我国又连续密集发射了 8 颗北斗导航卫星，其中，2019 年 11 月 5 日 1 时 43 分，我国在西昌卫星发射中心用长征三号乙运载火箭，成功发射第 49 颗北斗导航卫星，该卫星的发射成功标志着“北斗三号”系统 3 颗倾斜地球同步轨道卫星全部发射完毕。2019 年 11 月 23 日 8 时 55 分，我国在西昌卫星发射中心用长征三号乙运载火箭及配套远征一号上面级，以“一箭双星”方式成功发射第 50、51 颗北斗导航卫星。2020 年 3 月，我国成功发射第 54 颗北斗导航卫星，该颗卫星是“北斗三号”的第 29 颗组网卫星。2020 年 6 月，最后一颗地球静止轨道卫星成功发射，标志着“北斗三号”全球星座部署全面完成。在地面段，升级改造顺利实施。“北斗三号”系统建立了高精度时间基准和空间基准，增加了星间链路运行管理设施，实现了基于星地和星间链路联合观测的卫星轨道和钟差测定，具备定位、导航、授时服务能力；同时，开展了短报文通信、国际搜救、星基增强、地基增强、精密单点定位等服务的地面设施建设。2020 年 6 月，北斗卫星导航系统完成组网部署，提供了六大服务，用户将享受更高性能、更高安全性的服务（刘健等，2020）。

随着北斗卫星导航系统的完善和发展，其应用领域也在不断扩大，其中利用北斗卫星导航系统维持国家动态坐标基准已成为国家基准维护的一项基本任务，而相应的基准动态服务产品和实时服务产品的需求也在不断提高。为了能更好地服务北斗卫星导航系统和其他卫星导航系统，中国在国际上发起了建立国际 GNSS 监测评估系统（international GNSS monitoring and assessment system，iGMAS）活动（焦文海等，2011），目的是建立多模导航卫星全弧段、多重覆盖的全球实时跟踪网，以及具备数据采集、存储、分析、管理和发布等功能的信息平台（党亚民等，2019）。

1.3　时　空　观

时空观是关于时间和空间的根本观点。时空观是哲学世界观的重要内容和有机组成部分，是在人类长期的生产活动和生活历史实践过程中形成的。德谟克利特认为空间是物质运动的条件，亚里士多德用“地点”概念来表示空间，认为时间是连续的。近代时空观是在自然科学发展的基础上形成的，哥白尼的“地动说”为唯物主义时空观的形成创造了条件。布鲁诺、伽利略主张时间、空间是物质存在的绝对形式，并提出时空无限的思想。笛卡儿指出时间的特性是持续性，空间的特性是广延性，认为广延性是一切物体的共同属性。牛顿提出了“绝对时间”“绝对空间”的观点，系统地阐述了机械唯物主义的时空观。近代的唯心主义思想家贝克莱认为时间、空间是人的感觉的产物；莱布尼兹提出时空是精神性实体的单子的特殊表现形式；康德认为时空是人们用以整理感性材料的先天直观形式；黑格尔则认为时间、空间是绝对观念发展到一定阶段的产物。近代唯心主义时空观否认时间、空间的客观性，但也包含着一些辩证法的合理成分。辩证唯物主义批判地继承了以往各派哲学的时空观，指出时间和空间是运动着的物质存在的基本形式，是物质固有的普遍属性，时间和空间与运动着的物质是不可分的。辩证唯物主义既承认时间与空间的客观性、绝对性和无限性，又承认时间与空间的具体形态，以及具体形态具有多样性、相对性和具体事物时空的有限性。

很多人认为爱因斯坦的相对时空观是对牛顿时空观的否定，是要代替牛顿的位置。从理性的角度来看，这种认识是不完整、不科学的，对两者的关系应该重新分析。牛顿绝对时空观是从力学角度出发的，体现了时空具有绝对性；爱因斯坦相对时空观与其提出的相对论紧密相关，体现了时空具有相对性。从发展历程上来说，这是一种过渡，两者应是辩证的对立统一关系（迈克尔·索菲等，2015；韩春好，2017）。

1.3.1 绝对时空观

20世纪以前的经典物理学（牛顿力学）认为时间和空间与运动着的物质没有任何联系，它们是先验地存在于人的意识之中的，只是在建立了相对论以后，人们才认识到时间和空间与运动着的物质密切相关。

经典时空观首先由牛顿明确提出，牛顿在其著作《自然哲学之数学原理》一书中，对绝对时间和绝对空间做了明确的表述。他认为：绝对的、真正的和数学的时间自身在流逝着，而且由于其本性而均匀地、与任何其他外界事物无关地流逝着（牛顿，2006）。从这里可以看出，牛顿认为时间具有绝对性，这从以下方面可以看出来：第一，时间是独立存在的，具有非物质性，它的变化不依赖任何物质。第二，时间是无法改变的，在任何时候或对任何事件的测量中，时间都是在均匀变化着的，它的流逝就像滚动的河水，不分白天和黑夜。第三，时间没有开始，没有结束，是永恒的。第四，不能从空间上区分时间，任何地方的时间都是相统一的，或许人们依照不同的参照物，对时间的表示会有所不同，但根本上是一致的。因为地球自转运动，人们在标记时间时会有北京时间中午12时，华盛顿时间子夜0时，它们的时间是同一时间，但因为地区的区别，会出现不同的表达方式。但事件发生的时间是唯一的，具有绝对性。第五，“流逝”表明了时间的方向性特点，主要是通过因果关系来体现的。

在《自然哲学之数学原理》中，牛顿认为绝对的空间，就是与外界任何事物无关，处于一种永远的相对静止状态。具体解释，有以下方面的内涵：第一，空间是客观存在的，不依附于任何物质。这就意味着它是一种"虚空"状态，是绝对静止的，物质在这种绝对静止的空间运动。第二，空间是没有边际、没有范围的。空间在一定程度上是依赖想象的，这种绝对空间更是一种范畴，没有固定的限制。第三，空间是一种非物质的概念，本身没有区别性。和时间一样，对同一空间间隔的测量，所得到的结论是相同的。第四，时间的变化影响不到绝对空间。不能说因为测量的时间不同，测出的空间也会不同，这是没有变化的（牛顿，2006）。

经典力学总结了低速物体的运动规律，反映了牛顿的绝对时空观。绝对时空观认为时间和空间是两个独立的观念，彼此之间没有联系，分别具有绝对性。绝对时空观认为时间和空间的度量与惯性参考系的运动状态无关，同一物体在不同惯性参考系中观察到的运动学量（如坐标、速度）可通过伽利略变换而互相联系。这就是力学相对性原理，即一切力学规律在伽利略变换下是不变的。

1.3.2 相对时空观

在爱因斯坦的相对论中，否定了牛顿的绝对时空观，提出了相对时空观。在相对时空观中，时间和空间被联系在一起，它们互相联系又互相制约，物质的运动对时间和空间有一定的影响。爱因斯坦还把时间看作第四维，与三维的空间一起组成了四维时空。

原子频标和现代空间观测技术的发展，使天文测量和空间大地测量的观测精度得到迅速提高。高精度的观测必须有高精度的理论模型与之相适应，作为经典力学基础的牛顿时空及引力理论，已经越来越难以满足高精度观测的要求，而爱因斯坦创立的广义相对论已经成为或正在成为描述时空和物质运动的理论基础（韩春好，1990，1994a）。

1. 同时性的相对性

同时性的相对性是由测量速度慢引起的，而并非经典理论不能解决的问题，它是爱因斯坦论述相对论的一个重要依据，也是体现相对时空观的重要现象，然而很多人并未彻底理解这个问题。

人们通常所说的同时，是指绝对的同时，是假设测量信号无穷大的结果。相对的同时，是与测量速度和位置相关的，是主观同时而不是客观同时。例如：A、B 两处发生爆炸，空气静止，在 A、B 中间的人同一时间听到 A、B 两处爆炸声，而靠近 A 处的人先听到 A 处的爆炸声，后听到 B 处的爆炸声，他听到的结果不在一个时间点上，就是不同时的。

在智者看来，这两个结果完全是统一的，每个人测得的物理现象都没有错，错的是他们都认为自己的结论是可以得到“公认”的唯一结论。只要每个人都由测量现象扣除信号传递需要的时间，都可得到两个事件“同时”发生这个结论；或者都用无穷大速度测量，也会得到“同时”这个结论。所以，同时性是可以得到公认的结论，物理本质本身不存在同时的相对性，是客观的规律，具有绝对性。用绝对时空观思考问题，没有什么不对，而采用相对时空观，则会导致不同的人对A、B爆炸事件的描述不同，而不必将其统一起来，其结论也变成了主观结论，随着测量者的位置而变化，而不是客观的结论。

2. 长度的收缩

长度收缩效应，又称尺缩效应，是物理学理论。在某一个运动的参考系中，对一根沿运动方向放置且相对于此参考系静止的棒的长度要比在一个静止的参考系中测得的此棒的长度短一些，即发生了尺缩效应。这个效应显示了空间的相对性。对于同一个物体，在相对于该物体运动的参考系中，沿运动方向测量它的长度，所得的结果要比在相对于该物体静止的参考系中测得的同方向长度短一些，这种情况称为长度收缩效应。

由坐标的洛伦兹变换可知，物体的长度只在其运动方向上收缩。在与物体运动垂直的方向上，长度并不收缩。运动时的长度收缩为静止时长度的$\sqrt{1-\left(\frac{v}{c}\right)^2}$。上述比值称为洛伦兹收缩因子，其中$v$表示物体相对速度，$c$表示光速。

3. 时间的延缓

时间的延缓也就是时间膨胀，时间膨胀是指时间并不是永远以人们感受到的现在的速度进行的，也会发生变化。它一般与速度有关，速度越快，即越接近于极限速度，时间就会越慢。人们所处宇宙的极限速度是光速，但并不是所有的宇宙极限速度都是光速，可能更快，也可能更慢。举个设想的例子，假如有一个人1min的心跳是60次，当他高速运动时，如果速度足够大，他的心跳可能会变成40次、20次，甚至更慢，因为随速度的增大，他的时间变慢了，他自身的新陈代谢也变慢。这样，相对于他的时间就发生了膨胀。

爱因斯坦提出了狭义相对论。在该观点中，一方面由于光速不变，时间和空间之间有了一定的关联，在互相比较中，空间间隔和时间间隔就有了相对性。这在实质上也是承认了绝对空间的存在。因此，在空间的本质上，狭义相对论中时间和空间的前三个方面的基本内涵与牛顿的绝对时空观相同，也由于光速不变，出现了时间和空间相连接的地方。另一方面，黑洞的出现最终使人们承认相对的时空问题。在用爱因斯坦的方式模拟宇宙模型、考虑客观因素进行讨论时，得到了宇宙的爆炸模型。由引力坍缩和大爆炸模型，人们看到了广义相对论中的时空是非均匀的、有限的、有始有终的。在宇宙中，黑洞内的时空与黑洞外的时空是不一致的，这就出现了相对论中的时空观，这里时间和空间是有区别的，不是一点变化都没有的。

广义相对论认为时间和空间是不可绝对分离的对立统一体。时空的结构和性质取决于质量和能量在时空中的分布，而物质在引力场中的运动又受时空的几何特性所约束。因此，在广义相对论框架中，时间、空间和引力场不能再用简单的欧氏几何和万有引力定律加以描述，各种参考系之间的坐标关系也不再满足经典的伽利略变换（平移与旋转）（韩春好，1994a）。

1.4 时空基准的概念

时空基准是度量事物时空特征的起算依据，包括起算点、起算面和标准值。导航时空基准是指在导航和定位中所用到的空间基准和时间基准，它由相应的坐标系统和时间系统及其相应的参考框架（又称参考框架）所构成。坐标系统规定了坐标的起算标准、尺度标准及其实现方式。时间系统规定了时间测量的参考标准，包括时刻的参考标准和时间间隔的尺度标准。坐标参考框架就是按照坐标系统所规定的原则，利用空间观测技术，在全球或局域范围内所测定的地面网点或其他实体，因此坐标参考框架就是坐标系统的实现，而时间参考框架则是在全球或局域范围内，通过守时、授时和时间频率测量技术，实现和维持统一的时间系统。

1.5 时空基准的作用

空间基准是一切测量与导航工作的位置基准，也是国民经济和国防建设的基础，贯穿于测绘科学与技术的各分支之中。时间作为卫星导航系统中一个重要的量测值，其精度直接影响导航卫星的定位精度，应用广泛，无论是人们的日常生活还是科研活动都离不开时间的指引。例如，在导航中，坐标系统用于引导运动载体准确沿着选定的路线到达目的地；在定位中，要准确确定目标点的位置坐标也需要建立相应的坐标系；在导弹的发射及控制中，需要坐标基准和时间基准制约导弹的飞行并精确打击目标；空间探测器在飞行中及变轨时，需要相应的坐标基准确定其位置及姿态，需要时间基准统一变轨时间，而空间基准和时间基准又密不可分，两者的融合构成四维的卫星导航定位基准。

1.5.1 坐标基准的作用

任何与地理位置有关的测绘导航都必须以法定的或协议的大地测量基准为

基础。各种测绘只有在大地测量基准的基础上，才能获得统一的、协调的、法定的坐标和高程系统，才能获得正确的点位和高海拔以及点之间的空间关系和尺度。

信息化、多兵种与多种武器协作是现代化军事技术的发展方向。大地测量基准是现代信息作战平台和国家侦察防卫体系构建的基本条件，是实现国家军事体系从机械化向信息化转变的重要基础。现代军事高技术，都需要统一的大地测量基准及其信息和技术支持。

大地坐标系（与高程参考系）既是军事测绘导航的基础，又是各类数字测绘导航产品的基准，还是飞机、车辆、战舰、轮船、远程武器、人造卫星等运动载体导航、定位、定轨的基准。随着现代战争方式的不断发展变化，各军兵种对军事测绘导航保障，特别是对三维地心坐标系的使用提出了更高要求。这些要求包括：数字化战场建设需要统一的坐标系统、高程系统，机动靶场建设需要高精度的、易于联测的地心参考基准；战机、战舰的导航需要与国际接轨的统一的地心参考系；战略武器发射基地，以及战略目标位置的精确测定，都要求在高精度的地心坐标系中进行；战略武器的精密制导和精确打击要求基于高精度地心坐标系与高程系统的军用电子地图；侦察卫星、导航定位卫星和其他军用、民用人造地球卫星的精密定轨以及低空飞行器的导航，要求有地面跟踪站高精度地心坐标。为适应信息化战争、打赢高技术条件下的局部战争等任务，急切要求建立满足我国军用定位、导航、测图，保障多兵种合成指挥作战和卫星精密定轨的高精度动态地心坐标系，以及与之精度相匹配的高程基准体系，以提高我军的军事测绘保障水平。

1.5.2 时间基准的作用

卫星导航系统是一个以卫星无线电信号到达时间高精度测量为主要手段的系统，时间信息的生成、保持和测量是卫星导航系统最终实现的技术基础。卫星导航系统需要利用长期高精度、稳定、可靠的时间基准来支持导航系统时间；卫星导航系统时间需要建立比对和溯源手段等，以确定与协调世界时（universal time coordinated，UTC）的关系；导航卫星星载高精度的铷原子钟和氢原子钟是卫星导航信号发播时间精确可知的情况下，实现导航定位授时的基础。

卫星导航系统要实现精确地到达时间测量，继而实现定位和导航，要求各关键节点（如地面钟、星载钟等）、各关键节点之间（如站间、星间、系统与用户终端之间）、各组成部分（如导航卫星、地面运控站等）具有协同一致的时序和节拍，需要高稳定频率源、精确的时间测量和高精度时间同步。时间频率测量的准确度和稳定度取决于原子钟的性能。卫星导航系统的系统时间是由地面钟（和/或星载钟）产生和保持的，是导航卫星、地面和用户终端的统一时间参考。卫星导航系统的系统时间通过建立与国家标准时间的比对和溯源关系，保持与协调世界时的同步，从而实现授时功能和国际卫星导航系统的时间兼容。

战场态势共享的前提是各作战平台必须处于相同的时空坐标中。作战平台间以及平台内各处理设备间时间基准不一致，加上信息产生时刻与信息发送时刻不一致、信息传输延迟等，导致信息失真，无法实现信息融合，从而无法实现战场态势共享及精确交战。因此，建立准确、可靠、稳定的授时系统，使各种固定的和机动的作战平台保持时间同步，在军事上有着重要的意义。时间频率在导弹、航天等科学技术研究中的重要作用表现在以下方面。

时间同步精度是导弹、航天等实验研究中重要时刻参量的标志，如准确的发射时刻，射前、射后时间，火箭发动机的点火、关机时间，多级火箭的分离时间，入轨时间及航天器回收制动火箭的点火时间等，都需要对时间统一系统提供准确的时刻标志。导弹和航天运动特点决定了地基、天基测量系统分布在相距甚远的空间，而且由一系列测量设备组成的完整统一系统及导弹实验的小试样、高准确度特征对时间频率的同步和测量都有很高的要求，例如，根据任务需要控制其飞行状态和轨迹。轨道控制、返回卫星的返回控制和星上有效载荷的控制、地球同步卫星的变轨控制、定点姿态保持控制等，都需要地面控制系统根据时间统一系统提供的时刻再由遥控系统实施对飞行器的控制。要求不同，时频统一系统提供的时刻精度也是不同的(蔺玉亭，2009)。

1.6 时空基准的发展和现状

时空基准一旦建立，会受到各种因素的影响，因此为了更加贴近用户的实际需求，需要对时空基准进行经常性的维护和更新，其各自的发展程度也与科学技术的发展密不可分。

1.6.1 坐标基准的发展

坐标基准是确定空间点三维坐标位置的起算依据，由分布全球的一系列国际连续运行基准站网定义，并通过国家大地控制网点加密延伸，通常称为大地坐标系或大地坐标框架。地表各种形态的测绘与导航，天体、飞行器、地(海)面运动载体、作战单元、目标点的空间位置描述等，都需要以同一个大地坐标系为基准。

1. 国际上坐标基准的现状和发展

全球参考框架的建立和维持主要是为了满足地球动力学对非刚性、动态地球研究的需要而提出的，该研究可以提供长期的、绝对的基准，确定地实现了原点、尺度、定向及其时间演化。

国际上，精度最高、影响最大的全球参考框架是国际地球参考框架（international terrestrial reference frame，ITRF），是由国际地球自转服务（international earth rotation service，IERS）负责建立和维持的。回顾 ITRF 的历史，可以发现 ITRF 的实现和维持是一个不断加深认识、不断完善的过程。从 ITRF88 到 ITRF97，在基准定义中只是给出了定向的时间演化，而没有给出原点和尺度的时间演化；直到 ITRF2000 和 ITRF2005（Altamimi et al.，2002，2007）才明确给出了原点速率、尺度速率的定义，这时的定向时间演化才真正实现了符合 ITRF 定义的无净旋转（no net rotation，NNR）条件。发展趋势是采用动态板块运动模型，例如，利用 APKIM 模型（Drewes，2009）来定义 ITRF 的动态基准，以替代目前的 NNR-NUVEL1A（Argus，1991；DeMets et al.，1994）模型，确保满足真正的“整个地球水平构造运动无净旋转”条件，并开始对 ITRF 点位运动的时间序列进行研究。目前，ITRF 的速度采用的模型依然是线性的，站点在历元 t 时刻的位置表示为

$$X(t)=X(t_0)+\dot{X}(t-t_0) \tag{1.1}$$

式中，$\dot{X}$ 为速度。从 ITRF2005 开始，ITRF2008 和 ITRF2014 均已经开始提供测站的时间序列，基于时间序列的参考框架是未来地球参考系统的发展方向和模式（Altamimi et al.，2002，2007，2011，2016）。

国际 GNSS 服务（international GNSS service，IGS）建立的由 GPS 技术实现的长期地球参考框架通过一组高质量的台站，用 14 个参数的相似转换实现与 ITRF 的对准。IGS 站坐标/速率有两种形式：一种是周参考框架解，在 IGS 长期参考框架的基础上综合各分析中心的解生成，给出台站在该周参考框架的坐标；另一种是累积（多年）参考框架解，也是在 IGS 长期参考框架的基础上，根据每周新获得的周参考框架解进行坐标更新，包括台站坐标和速率。这两种解都是延迟 12 天发布。周参考框架解和累积参考框架解都是 IGS 的国际地球参考系统（international terrestrial reference system，ITRS）的实现。IGS 最新的更新是 IGS14，与 2016 年发布的 ITRF2014 对齐。和 ITRF2014 一样，IGS 也考虑了震后形变的影响，并提供了相应的产品（朱新慧等，2014；傅彦博等，2017；徐世依，2017）。

1984 年，美国国防部建立了世界大地坐标系（world geodetic system 1984，WGS 84）。WGS 84 建立之初是通过子午仪卫星导航系统的站坐标来实现的，站坐标相对国际时间局（Bureau International de I'Heure，BIH）建立的地球系 BTS（BIH terrestrial system）存在 1～2m 的不确定度，后来发现椭球高度存在系统偏差。在 GPS 技术强有力的支持下，WGS 84 不断更新地心坐标的精度。为了维持框架的精确性和稳定性，1994 年、1996 年和 2002 年先后进行了 3 次实现，即对

GPS 监测站的坐标进行了 3 次更新，以使框架对准 ITRF。其使用的基本方法是通过联合处理 GPS 监测站和 IGS 站的测量数据，解算 GPS 监测站的坐标，在处理中对 IGS 站的 ITRF 坐标施以强约束（陈俊勇，2003）。以 WGS 84(G1150) 的实现为例，参与处理的数据包括 17 个 GPS 监测站（其中 6 个美国空军基地站，11 个美国国家地理空间情报局(National Geospatial-Intelligence Agency，NGA)站）和 49 个 IGS 站在 2001 年 2 月 14～28 日的 GPS 数据和气象数据，处理中将 IGS 站的 ITRF2000 坐标（用站速度将坐标从参考历元 1997.0 归算至观测期间）加以固定，并且从 WGS 84(G1150)之后开始提供跟踪站的速度值(Michael et al.，2002)。2013 年 10 月实现的 WGS 84(G1762)对准于 ITRF2008，由于部分监测站站址变更、天线更换，NGA 对这些监测站的坐标进行了更新。随着 WGS 84 的更新，其精度逐渐提高，与 ITRF 间的不符值也逐渐减小(NIMA，1997；NGA，2014；Stephen，2018)。

区域参考框架是指国家或洲际范围内对 ITRF 的加密。就加密而言，区域参考框架的建立是为了更方便和准确地使用 ITRF。区域参考框架的维持主要是为了满足区域地球动力学研究以及快速精密定位的需要。

在区域参考框架维持方面，欧洲永久性参考网络维持的 ETRS89 可以作为一个范例。欧洲参考框架(European reference frame，EUREF)的维持基于欧洲 60 多个永久观测站的站坐标时间序列，站点的坐标精度优于 1cm，提供的产品是站坐标、站坐标时间序列、对流层参数及各测站原始观测值。EUREF 的数据处理策略和组织结构都可以被其他区域框架的维持效仿，或做必要的改变。需要说明的是，EUREF 是固联于欧洲板块的，因此它的速度场在计算时去掉了欧洲和亚洲板块的整体运动。

北美基准(North American datum 1983，NAD83)和美国的国家空间参考系统(national spatial reference system，NSRS)也是采用连续运行参考站系统(continuous operational reference system，CORS)网的时间序列进行维持和更新的。1994 年，美国开始筹建全国 CORS 网，随着 CORS 网的逐步建成和精度的提高，美国国家大地测量局(National Geodetic Survey，NGS)决定采用 CORS 实现和维持 NAD83，先后实现了 NAD83(CORS93)、NAD83(CORS94)、NAD83(CORS96)三个版本的参考框架，随着观测数据数量的增加、质量的提高以及数据的更新，NGS 推出了北美基准的更新版本 NAD83(NSRS2007)(Christopher，2005)，当前的版本为 NA2011，于 2011 年 4 月全面更新，是利用 80000 个控制站在全国范围内组成 400000 个 GNSS 向量，利用赫尔默特分区平差法进行最小二乘平差得到的（朱新慧等，2014）。NGS 已经表示，新的版本将主要依赖 GNSS 的数据(NGS，2020)。

适用于刚性板块假设条件下的欧拉模型，可以给出台站的运动速率，且模型简单。早期的ITRF如ITRF88等，曾推荐利用板块运动模型来维持全球参考框架。在区域参考框架维持中也有应用，如南美洲参考系是将该地区和其周围ITRF点给予强约束实现的，其维持基于分布在南美大陆以及周边两个岛屿上的若干个IGS站的速度场以及板块运动模型（这主要针对没有重复观测的框架点而言）来实现，它的发展方向是基于南美大陆上的GPS永久观测站的速度场。

2. 国内坐标基准的现状和发展

2007年8月，我军启用了新一代与国际接轨的地心坐标系——2000中国大地坐标系（China geodetic coordinate system 2000，CGCS2000），包括卫星大地控制点约2500个，经典大地控制点约50000个，地心绝对精度达厘米级，点位相对精度达$10^{-7}\sim10^{-8}$，标志着我军坐标基准的建设已迈入国际先进行列。根据国家测绘局2008年第2号公告：我国自2008年7月1日起，启用CGCS2000，之后的各类测绘成果均应采用CGCS2000（陈俊勇，2008；杨元喜，2009；魏子卿等，2011；吕志平等，2012）或2000国家大地坐标系（程鹏飞等，2014；宁津生等，2015）。为统一起见，本书均采用CGCS2000的名称。

CGCS2000已在我军机动阵地、实验靶场建设等领域全面展开，在军用地图生产领域已逐步展开；“北斗二号”也以CGCS2000作为定位基准。面向战场信息化建设新需求，CGCS2000的建设必须迈上新的台阶，主要任务有：

一是CGCS2000的维持和扩展。目前，CGCS2000采用的连续运行基准站是中国地壳运动观测网络的基准站，其主要为监测地壳运动服务，布设在不同板块，从图形结构分析，不能均匀控制我国领土范围，有许多空白区，特别是军事基地要增设基准站，并置基准站还可为“北斗二号”系统准备好接口，一旦北斗系统完成，并置基准站即可安装北斗测量系统进行工作。此外，由于在厘米级、毫米级尺度上地面点都是变动的，由地面点保持的地心基准需要连续观测或复测。CGCS2000向境外的扩展也是一个重要的方面，根据中国实际，随着周参考框架解和日参考框架解需求的提出，坐标基准的分布式高性能计算也成为装备建设需要解决的重要问题。

二是战区坐标基准的实时定位服务（军用CORS的建立）。全球卫星导航系统连续运行参考站系统是在区域内向大量用户同时提供高精度、高可靠性、实时定位信息的新技术，是当前建立区域性坐标基准的主要方向。CORS已经遍布全世界，有全球性的大型网，也有区域性的小型网。在中国，“数字城市”建设的工程化和现实化，使CORS发展的紧迫性和必要性越来越突出。深圳市建立了我国第一个连续运行参考站系统，目前已开始全面地测量应用。全国部分省、市也已初步建成或正在建立类似的省、市级 CORS。

从军事应用角度看，军用 CORS（特别是基于北斗卫星导航系统的军用 CORS）的建立将改变坐标基准通过间接形式（标志、标石）为军事应用服务的方式，它将一系列的定位信息利用网络和数字通信技术提供、分发给作战和应用单元，使大地测量能以更快捷、更广泛的直接开放形式服务于军事。军用 CORS 可通过已有各民用区域网、行业网的互联来实现，不一定要重复建设；数据处理软件也可利用已有系统或商用软件，只对其改进，增加服务层，而不必全部从底层做起，以充分利用现有资源为军事服务。

但是，CGCS2000 的框架目前只能提供相应于 ITRF97 框架、2000.0 历元的静态坐标。这给目前广泛采用的 GPS 精确定位带来不便，若要进行转换，则必须有高分辨率的速度场资料，以便实施已知点从 2000.0 历元至当前历元的点位归算。

CGCS2000 框架是由大约 2500 个 2000.0 历元的 GPS 站点实现的，这些站点包括中国地壳运动观测网络的基准站、基本站、区域站、中国地壳形变监测网点、全国 GPS 一/二级网点和全国 GPS A/B 级网点。CGCS2000 的一致坐标由这些点在 ITRF97 内的联合平差得到，其中 1070 个点的速度用中国地壳运动观测网络的 10 年观测数据计算得到，其余约 1400 个点的速度依据这 1070 个点的速度插值得到。坐标误差为厘米级，速度误差为±(3～5)mm/a。

要形成我国自主的厘米级地心坐标参考框架与坐标修正技术体系，要求全球坐标框架观测历元的精度优于 5mm，坐标框架维持精度优于 3cm，点位速率优于 3mm/a。但是，目前 CGCS2000 存在如下严重问题：

(1)2000 国家大地坐标系控制网精度不均匀，一、二级网和 A、B 级网点坐标精度仍然不高。

(2)一个完整的地心坐标系及其相应的框架，除具有点位坐标外，还应有相应的地壳形变速度场信息，我国目前永久坐标跟踪站太少，高精度复测大地控制网也较少，且分布不均匀。

(3)速度场拟合推算方法也不完善，不能提供实时的坐标形变参数和点位变化速度场信息，不能进行实测数据的历元归算。

为了早日实现国家的整体发展规划，也为了解决目前 CGCS2000 存在的问题和难题，非常有必要维持 CGCS2000 参考框架（程鹏飞等，2017，2018；成英燕等，2017；柳根等，2019）。

1.6.2 时频基准的现状

时频基准是时间和频率的标准值，由守时设备（原子钟）、授时系统（无线电、卫星等时频传递手段）等组成，为发射机系统提供精确而稳定的频率和时间标准值，用于时间、频率信号的产生和控制。

高精度时间频率已是目前世界武器装备系统中的核心技术之一，数字通信、技术侦察、电子对抗、敌我识别、导航定位、轨道测控等应用中的电子设备必须保证时间和频率的高度同步(蔺玉亭，2009)。

发达国家和地区非常重视时频基准的建设。目前，美国、俄罗斯、欧盟等的时间频率准确度达到 10^{-14} 量级以上，时间同步的精度达到纳秒量级。在时间发播(授时)手段方面，长波授时和卫星授时已是高精度时频传递的主要手段(董绍武等，2018)。

任何一个时钟都会受到各种各样误差的影响而不可能是绝对准确的。自从国际通用的时间系统由天文时变为原子时，作为时间服务的各地时间实验室的守时任务，也就成为把一组原子钟所产生的时间信号通过各种技术和手段(包括硬件和软件)综合起来，产生并保持一个具有高准确度的时间尺度。一个时间尺度的准确度总是相对某个标准时间尺度而言的。各地的时间实验室(代码为 k)也就必须产生和保持协调世界时在本实验室的物理实现 UTC(k)，实时地为用户提供接近于协调世界时的标准时间信号。众所周知，国际原子时(temps atomique international，TAI)或者协调世界时都不是实时的、物理实现的时间信号，而是事后以 TAI-TA(k)、UTC-UTC(k)的形式发表的时间尺度，为了保证实时的 UTC(k)尽可能接近协调世界时，必须由实验室的原子钟组自行产生一个稳定度较高的时间尺度 TA(k)作为 UTC(k)控制的参考，因此钟组中原子钟的性能是守时工作质量的关键因素之一。

1. 美国 GPST 频率技术现状

美国国防部标准时间是美国海军天文台(United States Naval Observatory，USNO)保持的协调世界时 UTC(USNO)。USNO 守时原子钟包括 73 台 HP5071 铯钟、18 台氢原子钟和 2 台铷原子喷泉钟，分布在华盛顿本部(两个建筑物 3 台主钟)和科罗拉多州斯里佛空军基地(备份时间 AMC)。这些守时钟组安放在温度控制在 0.1℃、相对湿度控制在 1%的 19 个钟房内(蔺玉亭，2009)。

1)GPST 建立技术

GPST(GPS system time，GPST)由地面主控站钟、监测站钟和卫星钟所组成的组合钟给出，它通过主控站运用卡尔曼滤波法对 GPS 内部钟进行不等权平均，其中星载钟的权值最小，监测站原子钟的权值较大，地面主控站铯原子钟的权值最大，根据权值导出 GPST。GPST 以 USNO 的协调世界时 UTC(USNO)为基准，并与其保持同步：$|\mathrm{GPST}-\mathrm{UTC(USNO)}| \leqslant 28\mathrm{ns}$。

2)GPST 同步和星座自主时间建立技术

GPS 每颗卫星上都装有星载钟，各监测站和主控站也都装有高性能原子钟。

主控站的主钟以 USNO 主钟为基准进行校准，并采用一套自校准闭环系统使各个卫星的星载钟与 GPS 主钟之间精密同步。

GPS 采用单程测距法实现星载钟与地面钟之间的同步和轨道测定，其工作过程是：分布在全球的各监测站以本站的铯原子钟为参考，与系统时钟精确同步后，接收卫星发射给用户的双频伪码测距信号；主控站以 GPS 主钟为参考，对来自各监测站的伪距值和卫星与同步站之间的距离值进行计算、分析和处理，即可得到卫星时钟与地面时钟的偏差，通过上行注入站注入卫星，再广播给用户使用，并在适当时候对星上原子钟进行修正处理。这种方法既可以满足系统的精度要求，也使星上设备比较简单。GPS 的星历和钟差每天都由地面监控系统进行更新，一般每天上传一次，监测其指标是否超限，若超限，则增加上传次数。GPS BLOCK Ⅱ T 型卫星具有星间测量功能，通过星间双向伪距测量实现导航星座自主授时。地面控制系统的其他组成部分通过双向定时和单向定时技术保持与 GPST 的对准。

美国于 2004 年 12 月公布的 GPS 接口控制文件(GPS IS 200D)中，为了支持多模卫星导航，增加了 GPST 与其他卫星导航系统时间之间的同步关系数据，共可以给出与 8 种卫星导航系统间的时间关系。

3)GPST 溯源

GPST 溯源通过在 USNO 放置定时接收机接收 GPS 空中信号来监测 GPST 的偏移，从这些数据中估计 UTC(USNO)与 GPST 的差值并将其送往 GPS 系统主控站，由主控站发往卫星进行广播。

2. 欧洲 GST 频率技术现状

1)GST 建立技术

GST(Galileo system time，GST)系统采用主钟控制的方法产生系统时间。主控站装备 2 台主动型氢原子钟和 4 台高性能的铯原子钟形成精密时间系统。2 台主动型氢原子钟实时比对测量，1 台作为主钟，另一台作为热备份，以便实现无缝切换。4 台铯原子钟实时循环比对测量，形成 GST 自由时间，利用卫星双向比对或者卫星共视，与欧洲主要时间实验室的 UTC(k)比对测量后，修正氢原子钟时间，形成真正的 GST，然后经注入站将星载钟与地面系统时间 GST 的偏差写进广播电文中并广播给用户。

2)Galileo 系统时间同步技术

GST 同步和 GPS 相同，即采用单程测距，由分布在全球的 12 个时间同步接收卫星发射给用户的双频伪码测距信号，每站配置铯原子钟，并与系统的主钟进行精确同步。卫星钟与地面钟之间的偏差通过测量的伪距值和由精密轨道得到的站星距求差得到。地面控制中心接收来自监测站的观测数据和 UTC(k)/TA(k)数据，后者通过共视法获得；经过预处理、时间同步处理模块处理后，经滤波产生钟差修正数和平均频率，钟差修正数通过上行注入站上传至卫星，平均频率作用于 Galileo 主钟，从而产生系统的时间基准。

3)GST 溯源

GST 和 GPST 类似，也是一个连续的原子时，需要变换到国际时间尺度 TAI，GST 相对于 TAI 的频率稳定度优于 4.3×10^{-15}(24h)，与 TAI 时刻偏差小于 28ns，它和 TAI 的偏差将在 Galileo 导航信息中广播。欧洲联盟于 2006 年 5 月公布公开服务的接口控制文件，给出了 GST 与 GPST 之间的时间差参数。

Galileo 控制中心包括 2 套精密时频装置，其主要构成部分为主时钟集，并作为 GST 的主参考。通过精密时频装置和联合中心时间实验室实现时间传输，其内部的数据由本地测量系统进行记录和提供。当时间链路发生故障或接收不到正确的修正信号时，参考时钟集将在自动运转模式下工作，以保证精密时频装置的长期稳定度。

3. 俄罗斯 GLONASS 系统时间频率技术现状

1)GLONASS 系统时间建立技术

GLONASS 系统时间由若干台高精度氢原子钟和铯原子钟经纸面钟技术综合后得到。实时的 GLONASS 系统时间由地面综合控制中心的氢原子钟产生，卫星的时间由铯原子钟保持，综合控制中心每天比对系统时间和卫星时间两次，并将星载钟修正值上传至卫星。GLONASS 系统时间同步于俄罗斯国家标准时间 UTC(SU)，与 UTC(SU)一起闰秒，UTC(SU)由位于莫斯科附近的俄罗斯时间和频率服务的计量中心保持。GLONASS 系统时间与 UTC(SU)间的修正数以及 GLONASS 卫星钟修正数在导航电文中发播，每 30min 更新一次。

GLONASS 和 GPS 一样，也在其地面控制系统和 GLONASS 卫星上的原子钟配置中采用了冗余技术。这些冗余技术配置的原子钟组为卫星轨道估算以及星载钟的准确校准提供了可靠支撑。卫星轨道估算以及星载钟的准确校准均由 GLONASS 地面控制系统通过精确计算后传送给 GLONASS 卫星，再通过空间的 GLONASS 卫星将含有精密星历和时钟校正项的相应数据发送给用户。

2)GLONASS 系统时间同步技术

GLONASS 地面控制系统可以通过两种方法保证星上时间和系统时间之间的同步，即计算方法和设备方法。计算方法是指在卫星精密轨道已知的前提下利用监测站的站-星距离观测资料，计算出星上时间相对于系统的时间差，将其上行注入给卫星，通过卫星导航电文发送给用户，用户在导航定位过程中进行卫星钟差的修正，具体方法包括激光测距校准和雷达定轨。设备方法是指在 GLONASS 导航电文格式中，用 10bit 表示每颗卫星星上时间相对于 GLONASS 系统时间的修正数，其容量为 1.9ms。当星上时间偏差大于 1ms 时，计算方法将由设备修正方法来补充，以保证星上时间与中央同步器时间之差不超过 1ms。设备方法由地面控制系统通过星上的相位微调器（其精度在 10^{-17} 量级）对卫星钟进行微调校准。在地面系统对卫星钟进行校准期间，通过导航电文发送“禁止使用该星进行导航”的标识。

3）GLONASS 系统时间溯源

GLONASS 系统时间溯源到俄罗斯国家标准时间 UTC(SU)，与 GPST 不同的是，GLONASS 系统时间引入了跳秒（闰秒），并以莫斯科时间为基准。因此，它与俄罗斯时间空间计量研究所产生和保持的俄罗斯国家时间标准 UCT(SU) 之间存在 3h 的系统差，即 $T_{GLONASS}=UTC(SU)+180min$。

4. 我国北斗卫星导航系统时间频率技术现状

目前，国内的时间频率服务主要有中国科学院国家授时中心（原陕西天文台）、中国计量科学研究院、中国航天科工集团第二研究院 203 所、卫星导航定位总站军用时频中心、海军导航中心等，基本情况见表 1.2。

表 1.2　中国时间频率服务主要机构

名称	授时精度	覆盖范围	工作时间	所属部门
第一代北斗卫星导航系统	单向：100ns 双向：20ns	东经 70°～145°，北纬 5°～55°	全天	原总参作战部
第二代北斗卫星导航系统	单向：50ns 双向：10ns	一期：东经 55°～180°，南纬 55°～北纬 55°； 二期：全球	全天	原总参作战部
长河二号	发射台发播时间精度：100ns；用户机定时精度：200～800ns	我国沿海及东部大陆海上：发射台 1500km 内；陆上：发射台 800km 内	全天	海军
长波授时台	地波：1μs	1000km	13:00～21:30	中国科学院国家授时中心
	天波：50μs	3000km		
短波授时系统	定时：1ms	3000km	全天	中国科学院
低频时码系统	定时：0.5ms	1800km	全天	中国科学院
电视授时	地面定时：1ms	北京地区	电视信号发播时间	中国计量科学研究院
	卫星定时：0.1ms	卫星覆盖		

续表

名称	授时精度	覆盖范围	工作时间	所属部门
网络授时	300ms	网络覆盖地区	全天	中国计量科学研究院和中国科学院
电话授时	10ms	电话接入地区	全天	中国计量科学研究院和中国科学院

原子钟研制方面，2003 年中国计量科学研究院研制成功了我国第一台铯原子喷泉钟，获得 5×10^{-15} 的准确度。上海天文台研制的氢原子钟的准确度为 5×10^{-13}，日稳定度约为 1×10^{-14}，但作为守时钟在频率稳定性、可靠性方面还有一定的差距。国内星载钟主要采用铷钟，日稳定度已进入 10^{-14} 量级。

国产时频终端主要有北斗接收机、长波接收机、短波接收机和北斗可驯服铷钟等，国产时频终端在设备性能、授时精度和价格等方面难以满足用户的要求，从而使美国的 GPST 频终端在我国各应用领域占据了统治地位。

2001 年，我军军用时频基准建设项目启动。2009 年 11 月，国家发布《中国人民解放军标准时间管理规定》(以下简称《规定》)，这是我军第一部有关时间的管理法规。2010 年 4 月，我军正式发播时间信号，2010 年 6 月，《规定》发布执行，全军启用统一的军用标准时间，标志着我军拥有了高精度时频标准。《规定》明确：中国人民解放军卫星导航定位总站军用时频中心保持的协调世界时为中国人民解放军标准时间，简称军用标准时间。《规定》要求：全军所有单位组织实施作战行动、军事训练、战备值勤(执勤)、科学实验等军事行动和各类保障活动必须使用军用标准时间(中央军委，2009)。我军军用时频基准的建设才刚刚起步，完善的军用时频体系建设任重而道远(蔺玉亭，2009；董绍武等，2018)。

第 2 章　空间基准基础知识

本章主要介绍与坐标系相关的基础知识，包括坐标系的定义、坐标的不同表示形式以及坐标系间的转换，而参考椭球在坐标系的定义中发挥了很大的作用，因此关于地球椭球和参考椭球的相关知识也是本章的基础性内容。

2.1　坐标系的定义

几何图形是直观的，而代数方程比较抽象，如何用几何图形来表示代数方程，笛卡儿对这个问题的思考是创建空间直角坐标系，从而在几何图形和代数方程之间架起桥梁。于是几何中的点、线、面等可以由坐标系中的坐标、方程等来描述；代数方程也可以由坐标系中的线、面等来描述，坐标系是一个数学抽象，这就是坐标系的由来。

为了从数学上描述一个物体的运动状态（位置和速度），必须在一定的空间和时间坐标系中实现。坐标系有一个基本点（原点）、若干基本方向（个数等于空间的维度，通常相互正交）和每个方向上的度量单位。常用坐标系有空间直角坐标系、平面极坐标系、柱坐标系、球坐标系等。

定义坐标系的三要素如下：

(1)原点位置，三个参数。

(2)三轴指向，Z 轴（两个参数）；X 轴（一个参数）；Y 轴（与 X 轴、Z 轴构成右手坐标系或左手坐标系，见图 2.1）。

(3)尺度，一个参数。

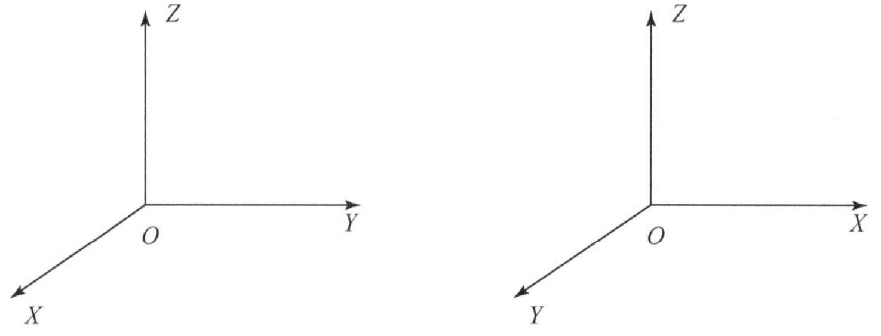

(a)右手坐标系　　(b)左手坐标系

图 2.1　坐标系的定义

2.2　地球椭球和参考椭球

由一个椭圆绕其短轴旋转而成的几何形体称为旋转椭球。相对大地体而言，地球表面的不规则起伏不大。因为地表褶皱主要是由地壳层的物质分布不均匀所引起的，而地克的质量仅占地球总质量的 0.4%，不足以影响地球整体的形状，从宏观的角度，地球接近于一个具有微小扁率的旋转椭球。

用来代表地球形状和大小的旋转椭球，简称为地球椭球，它是对地球形状的几何概括，是地球真实形状的数字化模型。与大地体吻合得最好的旋转椭球称为总地球椭球，也称为总椭球或平均椭球，总地球椭球应满足以下条件：

(1)总地球椭球与地球的质量相等。

(2)总地球椭球与地球的旋转角速度相等。

(3)总地球椭球体与大地体的体积相等，且表面与大地水准面间差距的平方和最小。

(4)总地球椭球中心与地心重合，总地球椭球短轴与地球平自转轴重合，大地起始子午面与天文起始子午面平行。

要满足以上条件，不仅需要知道椭球的形状和大小，还需要确定该椭球与大地体的相互关系，这就涉及椭球的定位和定向。具有确定参数和定位的地球椭球称为参考椭球。大地控制网中的地面观测元素需要归算到参考椭球面上，并在这个面上进行计算，因此参考椭球面是测量计算的基准面；地面点通过椭球法线建立与椭球面上投影点间的一一对应关系，因此椭球法线是测量计算的基准线。参考椭球同时确定了大地坐标系。

大地水准面与确定的椭球面相比较，北极处约凸出 10m，南极处约凹进 30m。人们据此夸张地称地球是“梨形”的，其实这点差异同地球赤道半径与极半径之差 21.4km 相比是微不足道的。大地水准面在赤道面上的截线不是正圆，而更接近于椭圆，长轴指向西经 15°方向，长短半径之差为 69.5m，赤道扁率为1∶91827，约为极扁率的 1/300(吕志平等，2010；党亚民，2010；宁津生等，2016)。

参考椭球在坐标系的定义中发挥了重要作用，例如：①它是地面点水平坐标的参考面，也是地面点高程位置的基准面；②它是描述大地水准面形状的参考面，各点的大地水准面差距和垂线偏差反映了两个面间的距离和倾斜情况，是对大地水准面形状的描述；③它是地图投影的参考面，在地图投影中，当讨论两个数学曲面之间的对应关系时，用参考椭球面来代表地球。

将大地控制网归算到椭球面上，需要确定一个与总椭球接近的椭球，作为处理控制测量成果的基准。建立总椭球必须在全球范围布设天文大地控制网，并进行重力测量,在空间测量理论和技术出现之前,这种洲际间的控制测量是无法实现的。

为了满足控制测量的需要,许多国家和地区只根据局部天文、控制和重力测量数据,以及局部大地水准面参数,确定一个与总椭球接近的椭球,作为处理控制测量成果的基准。这样的椭球只能描述局部区域的大地水准面,不能反映整个大地体,因此参考椭球面仅作为地球局部区域的数学表面(宁津生等,2006)。

17 世纪以来,许多测量工作者根据不同地区、不同年代的测量资料,按不同的处理方法推算出许多不同的椭球元素,现将比较重要和常用的列于表 2.1。表中前六组元素都是根据天文、地面控制和重力测量资料推算的,目前还在许多国家的控制测量和地图制图中使用,后九组元素在推算时还增加了空间测量的观测资料,已被许多国家采用。

表 2.1　常用的参考椭球及其几何元素

参考椭球名称	推算时间/年份	长半径/m	扁率
德兰贝尔(法国)	1800	6375653	1∶334.0
埃弗端斯(英国)	1830	6377276	1∶330.8
白塞尔(美国)	1841	6377397.155	1∶299.1528434
克拉克(英国)	1866	6378206.4	1∶294.9786982
海福特(美国)	1910	6378388	1∶297.0
克拉索夫斯基(苏联)	1940	6378245	1∶296.2997381
凡氏 C-5(美国)	1965	6378169	1∶298.25
1967 年大地坐标系(瑞士)	1967	6378160	1∶298.247
史密森 SAO-III(美国)	1973	6378140	1∶298.256
IUGG 十六届大会推荐值(法国)	1975	6378140	1∶298.257
IUGG 十七届大会推荐值(澳大利亚)	1979	6378137	1∶298.257
IUGG 十八届大会推荐值(德国)	1983	6378136	1∶298.257
GRS80(澳大利亚)	1980	6378137	1∶298.257222101
WGS 84(美国)	1996	6378137	1∶298.257223563
CGCS2000(中国)	2007	6378137	1∶298.257222101

1954 年以前,我国采用过美国的海福特椭球。中华人民共和国成立后建立的 1954 年北京坐标系,采用了克拉索夫斯基椭球。以该坐标系为基准,我国建成了全国天文大地网,完成了全国测图和制图工作。我国选用 1975 年国际大地测量与地球物理联合会(International Union of Geodesy and Geophysics,IUGG)第十六届大会推荐的椭球元素,并进行全国天文大地网平差,建立了 1980 年西安大地坐

标系。2007 年发布的 2000 中国大地坐标系对应的参考椭球,其几何参数与 GRS80 椭球的几何参数相同,其物理参数与 WGS 84 椭球的物理参数相同。

2.3　坐标系的不同表示形式

地面上同一个点的位置在不同坐标系下具有不同的表示形式。通常地球表面一点的位置可以通过建立在天球上或地球表面的二维球面坐标系,或建立在地球体内三维空间直角坐标系中的坐标来表示。在卫星导航领域中,通常采用的坐标系有空间直角坐标系、球面坐标系、大地坐标系等(郝金明等,2015)。在惯性导航领域,所定义的坐标系若将惯性导航系统的测量值与地球的主要方向联系起来,也要涉及各种不同的坐标系。惯性导航中所采用的坐标系可以分为惯性坐标系与非惯性坐标系两类。非惯性坐标系是基于导航需要来选取的,包括地球坐标系、地理坐标系、载体坐标系等。

2.3.1　空间直角坐标系

空间直角坐标系的坐标系原点位于参考椭球的中心,Z 轴指向参考椭球的北极,X 轴指向起始子午面与赤道的交点,Y 轴位于赤道面上,且按右手坐标系与 X 轴呈 90°夹角。某点在空间中的坐标可用该点在此坐标系各个坐标轴上的投影来表示,如图 2.2 所示。

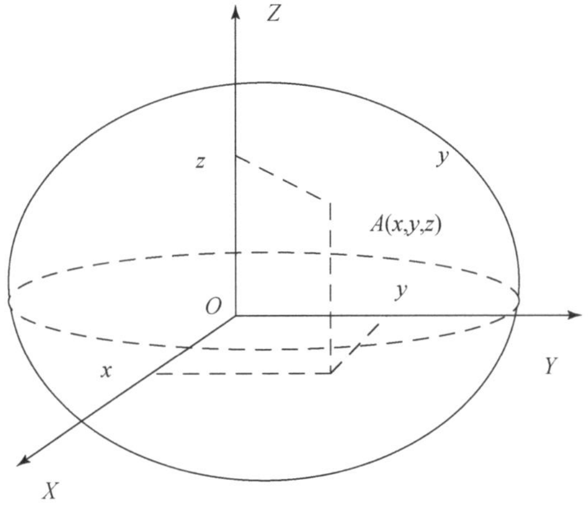

图 2.2　空间直角坐标系

2.3.2　球面坐标系

球面坐标系的原点与空间直角坐标系的原点重合，三轴指向也重合。以原点 M 到 S 的距离 r 作为第一参数；第二参数 θ 为 MS 与 MZ 之间的夹角；第三参数 α 为 ZMX 平面与 ZMS 平面的夹角。其中，第二参数常采用 $\delta=\frac{\pi}{2}-\theta$。球面坐标系如图 2.3 所示。

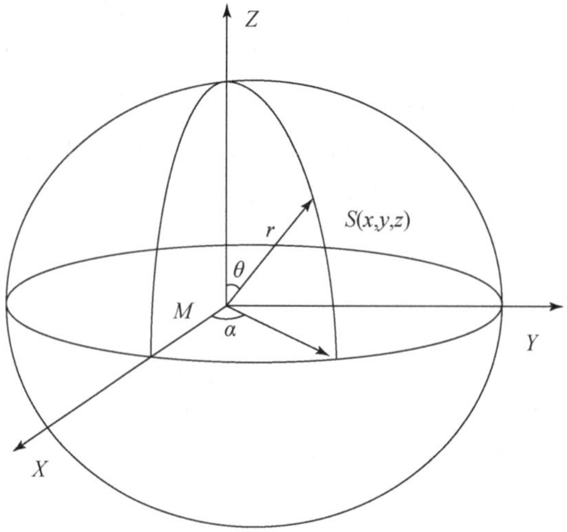

图 2.3　球面坐标系

球面坐标系与空间直角坐标系的转换关系为

$$\begin{bmatrix} x \\ y \\ z \end{bmatrix} = \begin{bmatrix} r\cos\alpha\cos\delta \\ r\sin\alpha\cos\delta \\ r\sin\delta \end{bmatrix} \tag{2.1}$$

或

$$\begin{cases} r=\sqrt{x^2+y^2+z^2} \\ \alpha=\arctan(y/x) \\ \delta=\arctan\left(\dfrac{z}{\sqrt{x^2+y^2}}\right) \end{cases} \tag{2.2}$$

2.3.3　大地坐标系

大地坐标系选择地球椭球作为参考球，在地球上建立用于表示空间点几何位置的三维坐标系。地表各种形态的测绘，地球物理过程、地球形状及其外部重力场的研究，天体、飞行器、地(海)面运动载体的空间位置描述等，都需要以大地坐标系为基准。

大地坐标系的长半轴为 a，短半轴为 b，定义原点(椭球中心)与空间直角坐标系原点重合，且 OZ 轴为椭球短半轴。定义其第一参数 H 为 P 点沿其椭球法线到椭球面的距离，称为大地高；第二参数 B 为过 P 点椭球面法线与赤道面的夹角，称为大地纬度；第三参数 L 为 ZOX 平面与 ZOP 平面的夹角，称为大地经度。大地坐标系与空间直角坐标系如图 2.4 和图 2.5 所示。

地面点 P 参考椭球面上的位置用大地经度 L 和大地纬度 B 来表示，如果该点不在椭球面上，还要用到大地高 H。大地经度、大地纬度称为大地水平坐标。图 2.4给出了参考椭球，N、S 为椭球短轴，包含短轴的平面称为大地子午面，大地子午面与椭球相截的椭圆称为子午圈，NP_0S 为过 P_0 点的子午圈，P_0 点是地面点 P 沿法线到椭球面的投影。垂直于短轴的平面与椭球面的截线称为平行圈，通过椭球中心并与短轴垂直的平面称为赤道面，其相应的平行圈称为赤道。

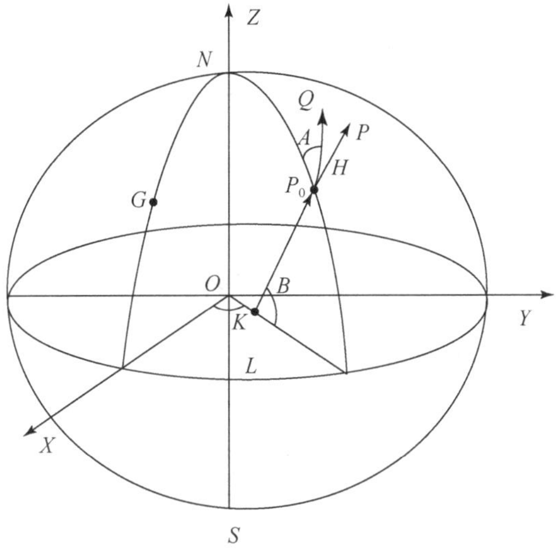

图 2.4　大地坐标系与空间直角坐标系(一)

图 2.4 中，P 点的法线 PK 与赤道面的夹角就是 P 点的大地纬度 B。由赤道开始起算，从 0°到 90°，向北为正，称为北纬；向南为负，称为南纬。P 点的大地子午面 NP_0S 与起始大地子午面 NGS 的夹角 L 为 P 点的大地经度。大地经度由起始大地子午面起算，向东量度，为 0°～360°；亦可向东向西量度，各为 0°～180°，分别称为东经和西经，东经为正，西经为负。P 点沿法线至参考椭球面的距离称为 P 点的大地高 H。大地高从椭球面起算，向外为正，向内为负。椭球面上曲线的方向用

大地方位角表示。过 P 点法线与椭球面上另一点 Q 构成的法截面，与 P 点大地子午面的夹角 A，称为 PQ 方向的大地方位角，由 P 点的正北方向起由 0°～360°顺时针方向量取。

大地经度 L、大地纬度 B 和大地高 H 构成了三维大地坐标系，这三个坐标值可以唯一地确定地面一点的位置。如果点在椭球面上，显然有 $H=0$，那么由大地经度 L 和大地纬度 B 即可唯一地确定椭球面上一点的位置，这是二维大地坐标系。大地坐标与椭球面法线有关，不能用仪器直接测得，只能通过计算获得。

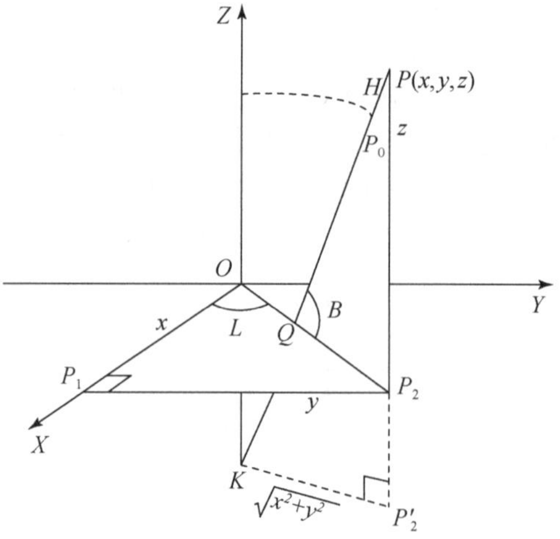

图 2.5　大地坐标系和空间直角坐标系(二)

大地坐标系和空间直角坐标系的转换关系为

$$\begin{cases} x=(N+H)\cos B\cos L \\ y=(N+H)\cos B\sin L \\ z=[N(1-e^2)+H]\sin B \end{cases} \tag{2.3}$$

式中，$N=\dfrac{a}{\sqrt{1-e^2\sin^2 B}}$，称为卯酉圈的半径；$e^2=\dfrac{a^2-b^2}{a^2}$，$a$ 为地球椭球的长半径，b 为地球椭球的短半径；其他参数为

$$\begin{cases} B=\arctan\left[\tan\varphi\left(1+\dfrac{ae^2}{z}\dfrac{\sin B}{w}\right)\right] \\ L=\arctan\left(\dfrac{y}{x}\right) \\ H=\dfrac{z}{\sin B}-N(1-e^2) \end{cases} \tag{2.4}$$

式中

$$\varphi=\arctan\left(\frac{z}{\sqrt{x^2+y^2}}\right)$$

$$\begin{cases} N=\dfrac{a}{w} \\ w=(1-e^2\sin^2 B)^{1/2} \\ e^2=\dfrac{a^2-b^2}{a^2} \end{cases}$$

在采用上式进行转换时，需要采用迭代的方法，先求出 B，再确定 H。

2.3.4 地理坐标系

地理坐标系也称为当地导航坐标系、测地坐标系或地面点坐标系，其原点是由导航结果所描述的对象决定的，是导航系统自身的一点、载体或用户的质心等。

地理坐标系如图 2.6 所示，图中 λ 和 φ 分别表示该坐标系中一点的地理经度和地理纬度。坐标轴方向与地形方向（东、北、垂向）一致。Z_t 轴沿垂线方向指向天向，也有定义指向地向，即参考椭球体的法线方向，大致指向地心；X_t 轴指向东，Y_t 轴指向北，三轴构成右手正交坐标系，即东北天坐标系。

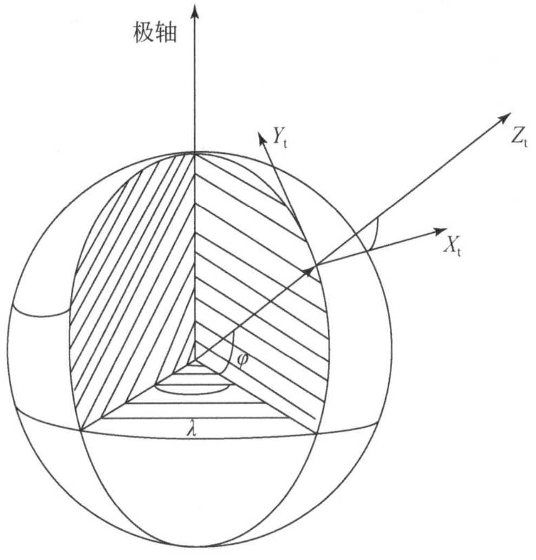

图 2.6　地理坐标系

2.3.5 载体坐标系

载体坐标系是与载体固连的右手空间直角坐标系，又称为运动载体坐标系，其原点在载体质心，坐标轴与载体固连，通常定义 X_b 轴为前向，即正常航行的方向，

Z_b 轴为地向，指向载体竖直方向，Y_b 轴为右向，指向载体纵轴方向，三轴组成正交坐标系(秦永元，2020)。载体坐标系和地理坐标系之间的转动关系可以用来定义载体的姿态角，载体坐标系的轴也称为横滚轴、俯仰轴和偏航轴，其中 X_b 轴方向为俯仰轴，Y_b 轴方向为横滚轴，Z_b 轴方向为偏航轴，如图 2.7 所示。

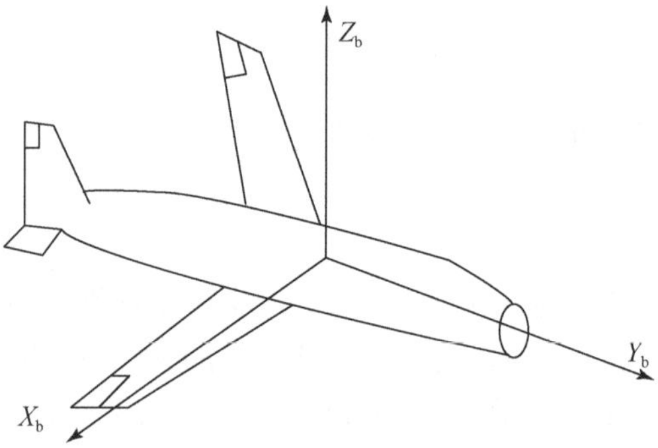

图 2.7 载体坐标系

在导航中，载体坐标系表征的是导航结果所描述的对象。惯性传感器或其他航位推算传感器测量的是载体坐标系的运动，在绝大多数情况下，传感器与载体坐标系之间的姿态相对固定。

地理坐标系与载体坐标系之间可以进行转换，设载体的航向角、俯仰角、横滚角依次为 ψ、θ、γ。地理坐标系到载体坐标系的转换过程为：先绕偏航轴 Z_b 轴旋转 $-\gamma$，再绕俯仰轴 X_b 轴旋转 θ，最后绕横滚轴 Y_b 轴旋转 γ。

其转换矩阵为

$$
\begin{aligned}
C &= \begin{bmatrix} \cos\gamma & 0 & -\sin\gamma \\ 0 & 1 & 0 \\ \sin\gamma & 0 & \cos\gamma \end{bmatrix} \begin{bmatrix} 1 & 0 & 0 \\ 0 & \cos\theta & \sin\theta \\ 0 & -\sin\theta & \cos\theta \end{bmatrix} \begin{bmatrix} \cos\psi & -\sin\psi & 0 \\ \sin\psi & \cos\psi & 0 \\ 0 & 0 & 1 \end{bmatrix} \\
&= \begin{bmatrix} \cos\gamma\cos\psi+\sin\gamma\sin\theta\sin\psi & -\cos\gamma\sin\psi+\sin\gamma\sin\theta\cos\psi & -\sin\gamma\cos\theta \\ \cos\theta\sin\psi & \cos\theta\cos\psi & \sin\theta \\ \sin\gamma\cos\psi-\cos\gamma\sin\theta\sin\psi & -\sin\gamma\cos\psi-\cos\gamma\sin\theta\cos\psi & \cos\gamma\cos\theta \end{bmatrix}
\end{aligned}
\tag{2.5}
$$

2.4 坐标系间的坐标转换

由前述可知，常用坐标系(球面、大地)与空间直角坐标系是等价的，两者之间可方便地进行转换。因此，对于不同定义的坐标系间的坐标转换，可用空间直角坐标系进行讨论。

坐标系间的差异主要来自坐标系的定义差，即原点位置、坐标轴向的定向和尺度的定义差。坐标转换时应优先考虑坐标系定义差异的转换，即首先应完成相似转换。在相似转换的基础上，再考虑对剩余误差进行拟合，使精度较低的坐标框架点附合到精度较高的坐标系统的框架点坐标，使统一后的坐标系框架点坐标具有较好的一致性(杨元喜等，2001)。

对于不同定义的空间直角坐标系，两者存在如下不同：

(1)坐标原点不一致。

(2)坐标轴指向不一致。

(3)坐标尺度不一致。

要进行坐标的相似转换，只需进行平移、旋转、尺度变换，通常采用布尔莎模型：

$$\begin{bmatrix} X \\ Y \\ Z \end{bmatrix}_{新} = \begin{bmatrix} X_0 \\ Y_0 \\ Z_0 \end{bmatrix} + KR \begin{bmatrix} X \\ Y \\ Z \end{bmatrix}_{旧} \tag{2.6}$$

式中，K 为尺度因子，$K=\dfrac{(单位长度)_{新}}{(单位长度)_{旧}}$；$R$ 为旋转矩阵，$R=R_Z(\theta_Z)R_Y(\theta_Y)R_X(\theta_X)$，其分量分别如下：

$$R_X(\theta_X)=\begin{bmatrix} 1 & 0 & 0 \\ 0 & \cos\theta_X & \sin\theta_X \\ 0 & -\sin\theta_X & \cos\theta_X \end{bmatrix}$$

$$R_Y(\theta_Y)=\begin{bmatrix} \cos\theta_Y & 0 & -\sin\theta_Y \\ 0 & 1 & 0 \\ \sin\theta_Y & 0 & \cos\theta_Y \end{bmatrix}$$

$$R_Z(\theta_Z)=\begin{bmatrix} \cos\theta_Z & \sin\theta_Z & 0 \\ -\sin\theta_Z & \cos\theta_Z & 0 \\ 0 & 0 & 1 \end{bmatrix}$$

2.4.1　布尔莎模型

如图 2.8 所示，$O_{新}\text{-}X_{新}Y_{新}Z_{新}$ 和 $O_{旧}\text{-}X_{旧}Y_{旧}Z_{旧}$ 分别为两个大地空间直角坐标系，它们的坐标系原点不一致，即存在 3 个平移参数 ΔX_0、ΔY_0、ΔZ_0，表示旧坐标系原点相对于新坐标系原点在三个坐标轴上的分量；两个坐标系的各坐标轴相互不平行，即存在 3 个欧拉角 ε_X、ε_Y、ε_Z(也称为 3 个旋转参数)。显然，这两个坐标系可通过平移和旋转取得一致。由式(2.6)可得

$$\begin{bmatrix} X \\ Y \\ Z \end{bmatrix}_{新} = \begin{bmatrix} \Delta X_0 \\ \Delta Y_0 \\ \Delta Z_0 \end{bmatrix} + \begin{bmatrix} 1 & \varepsilon_Z & -\varepsilon_Y \\ -\varepsilon_Z & 1 & \varepsilon_X \\ \varepsilon_Y & -\varepsilon_X & 1 \end{bmatrix} \begin{bmatrix} X \\ Y \\ Z \end{bmatrix}_{旧} \tag{2.7}$$

由于种种因素，两个坐标系在建立过程中还会存在尺度的差异。设 $S_{新}$、$S_{旧}$分别是空间同一距离在新、旧坐标系中的度量，则定义

$$m=\frac{S_{新}-S_{旧}}{S_{旧}}$$

为两个坐标系的尺度比。这里，m 是均匀的，与点位和方向无关。于是对旧坐标值应按新坐标系的尺度进行如下改进：$X=X_{旧}+mX_{旧}$，$Y=Y_{旧}+mY_{旧}$，$Z=Z_{旧}+mZ_{旧}$。

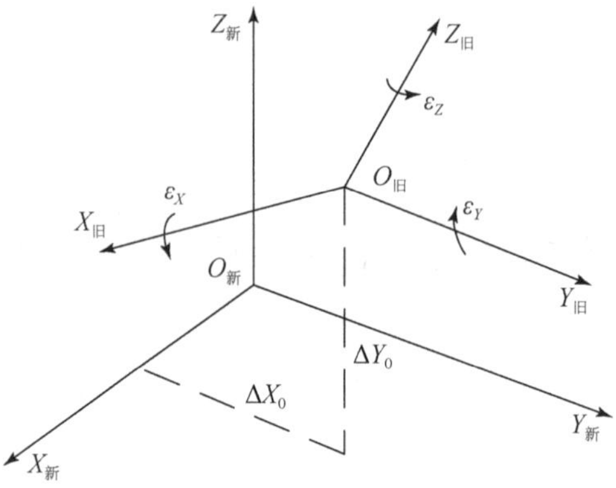

图 2.8　大地空间直角坐标系的转换

在式(2.7)中考虑尺度比的影响，实际上就是对$[X,Y,Z]^{T}_{旧}$按以上关系进行改进，即

$$\begin{bmatrix} X \\ Y \\ Z \end{bmatrix}_{新} = \begin{bmatrix} \Delta X_0 \\ \Delta Y_0 \\ \Delta Z_0 \end{bmatrix} + \begin{bmatrix} 1 & \varepsilon_Z & -\varepsilon_Y \\ -\varepsilon_Z & 1 & \varepsilon_X \\ \varepsilon_Y & -\varepsilon_X & 1 \end{bmatrix} \begin{bmatrix} X_{旧}+mX_{旧} \\ Y_{旧}+mY_{旧} \\ Z_{旧}+mZ_{旧} \end{bmatrix}$$

忽略二阶小量，整理得

$$\begin{bmatrix} X \\ Y \\ Z \end{bmatrix}_{新} = (1+m)\begin{bmatrix} X \\ Y \\ Z \end{bmatrix}_{旧} + \begin{bmatrix} 0 & \varepsilon_Z & -\varepsilon_Y \\ -\varepsilon_Z & 0 & \varepsilon_X \\ \varepsilon_Y & -\varepsilon_X & 0 \end{bmatrix} \begin{bmatrix} X \\ Y \\ Z \end{bmatrix}_{旧} + \begin{bmatrix} \Delta X_0 \\ \Delta Y_0 \\ \Delta Z_0 \end{bmatrix} \tag{2.8}$$

式(2.8)称为布尔莎-沃尔夫(Bursa-Wolf)模型。式(2.8)中共有 7 个转换参数 ΔX_0、ΔY_0、ΔZ_0、ε_X、ε_Y、ε_Z、m，以此为参数的线性方程为

$$\begin{bmatrix} X \\ Y \\ Z \end{bmatrix}_{新} - \begin{bmatrix} X \\ Y \\ Z \end{bmatrix}_{旧} = \begin{bmatrix} 1 & 0 & 0 & 0 & -Z_{旧} & Y_{旧} & X_{旧} \\ 0 & 1 & 0 & Z_{旧} & 0 & -X_{旧} & Y_{旧} \\ 0 & 0 & 1 & -Y_{旧} & X_{旧} & 0 & Z_{旧} \end{bmatrix} \begin{bmatrix} \Delta X_0 \\ \Delta Y_0 \\ \Delta Z_0 \\ \varepsilon_X \\ \varepsilon_Y \\ \varepsilon_Z \\ m \end{bmatrix} \tag{2.9}$$

在式(2.8)中，若 $\varepsilon_X=\varepsilon_Y=\varepsilon_Z=0$、$m=0$，则称其为三参数转换公式，表示两个大地空间直角坐标系尺度一致且各坐标轴相互平行。同样，在式(2.8)中，略去某些参数，可分别得四参数、五参数和六参数转换公式(孙付平，1994；朱新慧等，2014)。

2.4.2　布尔莎模型参数的求解

为了求得式(2.8)中的 7 个转换参数，至少需要 3 个具有新、旧两套坐标的点(称为公共点)，按平差原理解算。

由于公共点的坐标精度、公共点的点数和几何分布等因素对求解的转换参数均有影响，实践中应选择一定数量、精度较高且分布较均匀并有较大覆盖面的公共点。

式(2.8)以新、旧坐标差为观测量进行平差计算后，将得到观测量的改正数，表明对公共点旧坐标按式(2.8)转换得到的新坐标与已知新坐标值不完全相同。在实际工作中常常要求所有的已知点坐标值保持不变。为了解决这一矛盾，可将公共点的转换值改为已知值，而对非公共点的转换值进行相应配置，即按如下公式采用加权平均数计算非公共点转换值的改正数：

$$V'=\frac{\sum_{i=1}^{n} P_i V_i}{\sum_{i=1}^{n} P_i} \tag{2.10}$$

式中，n 为公共点的个数；P_i 为第 i 个公共点的权，根据非公共点与公共点的距离 S_i 来确定，可取 $P_i=1/S_i^2$；V_i 为第 i 个公共点坐标值的改正数，即 $V_i=$已知值$-$转换值，公共点的坐标采用已知值。

2.4.3　四元数

在惯性导航系统中，用于姿态定位和控制的方法通常有三种，即欧拉角法、方向余弦法、四元数法。比起前两种方法，四元数法具有明显的优点，即方程不退化、数目较少、形式是线性的，特别是在描述刚体的姿态变换算法中使用方便。

1. 四元数的定义与运算

四元数的定义为

$$q=a+b\mathrm{i}+c\mathrm{j}+d\mathrm{k} \tag{2.11}$$

式中,虚数单位满足

$$\mathrm{i}^2=\mathrm{j}^2=\mathrm{k}^2=\mathrm{ijk}=-1 \tag{2.12}$$

四元数的运算如下:设有两个四元数为

$$\begin{cases}q_1=w_1+x_1\mathrm{i}+y_1\mathrm{j}+z_1\mathrm{k}\\ q_2=w_2+x_2\mathrm{i}+y_2\mathrm{j}+z_2\mathrm{k}\end{cases} \tag{2.13}$$

则加法定义为

$$q_1+q_2=(w_1+w_2)+(x_1+x_2)\mathrm{i}+(y_1+y_2)\mathrm{j}+(z_1+z_2)\mathrm{k} \tag{2.14}$$

乘法定义为

$$\begin{aligned}q_1\times q_2=&(w_1\times w_2-x_1\times x_2-y_1\times y_2-z_1\times z_2)\\&+(w_1\times x_2+x_1\times w_2+y_1\times z_2-z_1\times y_2)\mathrm{i}\\&+(w_1\times y_2-x_1\times z_2+y_1\times w_2+z_1\times x_2)\mathrm{j}\\&+(w_1\times z_2+x_1\times y_2-y_1\times x_2+z_1\times w_2)\mathrm{k}\end{aligned} \tag{2.15}$$

定义单位四元数,其范数(模长)为 1,则有

$$N(q)=|q|=x_2+y_2+z_2+w_2=1 \tag{2.16}$$

定义四元数 $q=w_1+x_1\mathrm{i}+y_1\mathrm{j}+z_1\mathrm{k}$ 的共轭为

$$q^*=w_1-x_1\mathrm{i}-y_1\mathrm{j}-z_1\mathrm{k} \tag{2.17}$$

四元数的倒数为

$$\frac{1}{q}=\frac{q^*}{N(q)} \tag{2.18}$$

2. 四元数在惯性导航中的应用

一个有固定点的刚体通过绕该轴旋转特定角度就可以达到任何姿态,如图 2.9所示。

转轴可以表示成一个单位向量:

$$n=\mathrm{i}\cos\alpha+\mathrm{j}\cos\beta+\mathrm{k}\cos\gamma \tag{2.19}$$

描述该转动的四元数为

$$q=\cos\frac{\theta}{2}+n\sin\frac{\theta}{2} \tag{2.20}$$

最终表示为

$$q=\cos\frac{\theta}{2}+\mathrm{i}\sin\frac{\theta}{2}\cos\alpha+\mathrm{j}\sin\frac{\theta}{2}\cos\beta+\mathrm{k}\sin\frac{\theta}{2}\cos\gamma \tag{2.21}$$

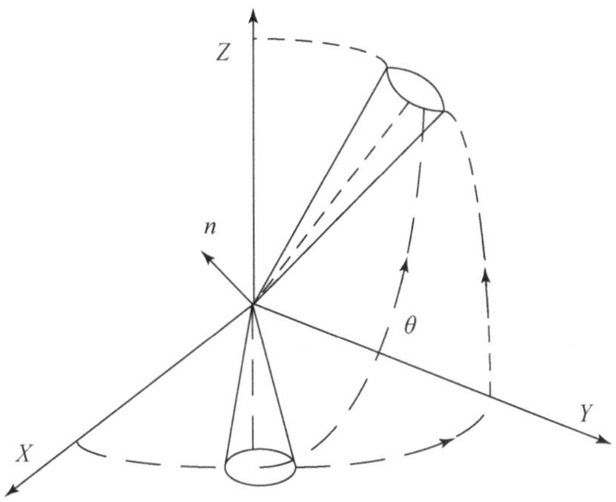

图 2.9　刚体转动示意图

四元数既表示了转轴方向，又表示了转角大小。因此，四元数可以很方便地用来表示姿态变化（孙付平等，2015）。

2.5　天球及其主要圈、点、线

2.5.1　天球的定义

人们有一个共同直观的感觉，天空好像一个巨大的半球罩在大地上，所有的日月星辰都分布在这个球面上，而且不管人们走到哪里，总觉得自己正好站在球心。这个直观的假想的球称为天球。天文学就是利用这个直观而实际不存在的天球作为研究的辅助工具。人们为了方便对天体的研究，把天穹假想为一个以某点为中心，以适当长为半径，上面布满天体的球面。这个假想的球面便于研究天体的视位置和视运动。

根据天球中心位置的选择不同，可将其分为地心天球、地面天球（站心）和日心天球。如果将以地球质心 M 为原点、任意长度 r 为半径的一个假想球体作为地心天球，那么天球上一些参考点、线、面和圈如图 2.10 所示。

天轴与天极：地球自转轴延长线为天轴，天轴与天球的交点 P_n、P_s 分别为北天极和南天极。

天球赤道面：过地球质心 M 与天轴垂直的平面。

天球赤道：天球赤道面与天球相交的圆。

天球子午面：含天轴的平面。

天球子午圈：天球子午面与天球相交的圆。

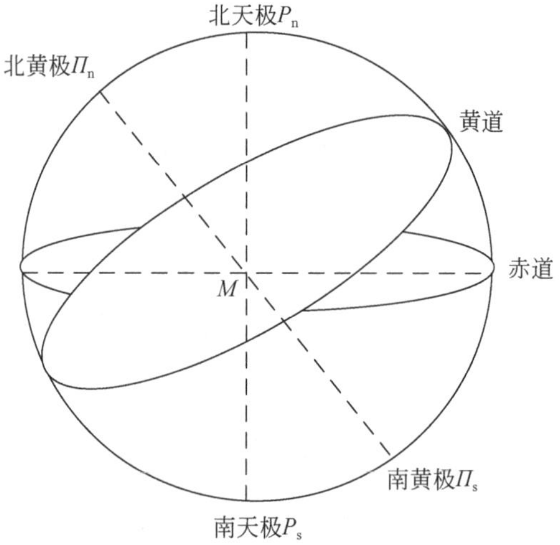

图 2.10　天球的概念

时圈：含天轴平面与天球相交的半个大圆；凡通过天极的大圈，称为时圈，也称为赤经，它与赤道垂直。

黄道：地球公转轨道面与天球相交的大圆。

白道：月球绕地球公转的轨道平面与天球相交的大圆。

黄赤交角：黄道与赤道面的交角 ε，$\varepsilon \approx 23.5°$。

黄极：通过地球质心，并与黄道面垂直的线与天球的交点。

春分点：太阳在黄道上从南向北运行时，黄道与赤道的交点 Γ。

天球坐标系以地心为坐标原点，Z 轴指向北天极，X 轴指向春分点，Y 轴的指向与 X 轴、Z 轴构成右手系。

2.5.2　黄道和黄极

黄道为地球绕太阳公转的轨道平面与天球相交的大圆，即在地心天球上，太阳在恒星之间环行一周所走过的路径。

过天球中心作一直线垂直于黄道面，该直线与天球相交的两点称为黄极（黄道的两个极）。靠近北极的点称为北黄极，靠近南极的点称为南黄极。

黄道面与赤道面的夹角就是黄赤交角。

2.5.3　二分点和二至点

由地球自转而产生太阳每天自东向西运行一周称为周日视运动。太阳还有周年视运动，即当人们随着地球在轨道上自西向东绕日公转一周时，便会看到太阳相应地沿黄道在恒星之间自西向东运行一周。这种由地球公转产生太阳在天球上的视运动，称为太阳周年视运动。

太阳在黄道上做周年视运动，由赤道南（或南半球）向赤道北（或北半球）运行时所经过赤道的一点，称为春分点（每年 3 月 21 日前后）。由赤道北转入赤道南时所经过赤道的一点，称为秋分点（每年 9 月 23 日前后）。

在黄道上距春分点、秋分点各 90°的两个点，合称二至点。赤道以北的点，称为夏至点，赤道以南的点称为冬至点。

2.6　岁差和章动

地球非球形（一次近似为旋转椭球），是一个两极略扁、赤道隆起的旋转椭球体。在日月引力及其他天体引力对地球隆起部分的作用下，对地球产生力矩，使得地球自转轴在空间运动。不对称的引力使地球像陀螺那样，而自转轴在空间摆动。在地球绕太阳运行时，自转轴方向不再保持不变，而是绕北黄极缓慢地旋转。这种现象是由岁差和章动的影响引起的（郝金明等，2015；宁津生等，2016）。

为了便于研究，可以将这种运动分解为一个长周期变化和一系列短周期变化的叠加。长周期约为 25800 年绕黄极顺时针缓慢地旋转，由于所论时间相对其周期很短，可以视为每年约 50.2s 向春分点的长周期变化，称为岁差。

一系列短周期变化中幅值最大的约为 9s，周期为 18.6 年，这些变化统称为章动。地球自转变化引起与其垂直的赤道面的倾斜变化，表现为真北天极绕平北天极做顺时针椭圆运动，章动椭圆长半径为 9.2″，短半径为 6.9″。

2.6.1　岁差

早在公元前 2100 年之前，人们就发现春分点在恒星间的位置不是固定不变的，它沿着黄道缓慢地向西移动。这就使得太阳通过春分点的时刻总比太阳回到恒星间同一位置的时刻要早一些，也就是说回归年的长度比恒星年的长度短，这一现象称为岁差。

岁差是地球自转轴长期运动产生的现象。在外力作用下，地球自转轴在空间并不保持固定的方向，而是不断发生变化。

玩过陀螺的人都知道，快速转动的陀螺，在受地球重力拉动而倾斜时，陀螺的旋转轴会绕着与地面垂直的轴线描绘出一个圆锥面。地球也是一个庞大的不停旋转着的“陀螺”。在太阳和月球的引力作用下，地球的自转轴绕着黄极（地球绕太阳转动的平面的轴线）做缓慢的圆锥运动，运动方向与地球自转方向正相反，约 25800 年转一周。

岁差使得随着时间的推移北天极在恒星间不断改变位置。岁差也使同一颗恒星的位置随着时间的变化而发生变化。

当太阳和月球的引力作用于地球赤道的隆起部分时,所产生的力矩把赤道面拉向黄道面。这一力矩同地球自转力矩的合并影响,使得地轴在空间围绕黄极画出一个圆锥,其锥角等于黄赤交角 $\varepsilon \approx 23°27'$,类似于旋转着的陀螺在重力场中进动的情况。这样使春分点以每年约 50.2″的速度在黄道上向西运行,大约 25800 年运行一整周,这种现象称为日月岁差。

行星引力使黄道发生微小的变化,从而使春分点沿赤道向东产生位移,每年移动 0.125″,同时使黄赤交角每年大约减小 0.47″,这种现象称为行星岁差。

两种岁差之和称为总岁差,是地轴方向相对于空间的长周期运动(图 2.11)。

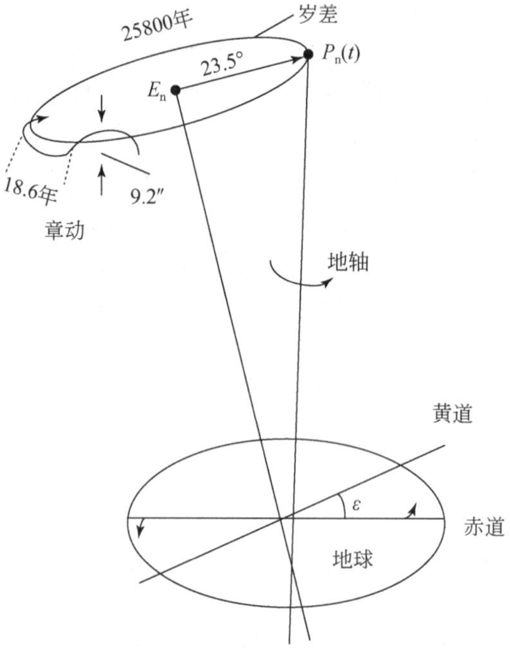

图 2.11　岁差和章动的示意图

2.6.2　章动

月球和太阳的轨道面与赤道面不重合,它们有时在赤道面之上,有时在赤道面之下,另外,月-地、日-地之间的距离也在不断变化,这些因素使得地球自转轴的进动力矩不断变化。地轴方向相对于岁差还有相对于空间的短周期的力。其主要起因是白道相对黄道约有 5°的倾斜,使得月球引力所产生的转矩的大小和方向都在不断变化，这就使得地球自转轴的进动变得极为复杂。进动轨迹可以看成在以23.5°为半径的小圆上叠加短周期的微小摆动，这种微小摆动称为章动，其振幅约为 9.2″，周期约为 18.6 年，见图 2.11。

章动引起的黄经和黄赤交角的变化，分别称为黄经章动 $\Delta\psi$ 和交角章动 $\Delta\varepsilon$，如图 2.12 所示。

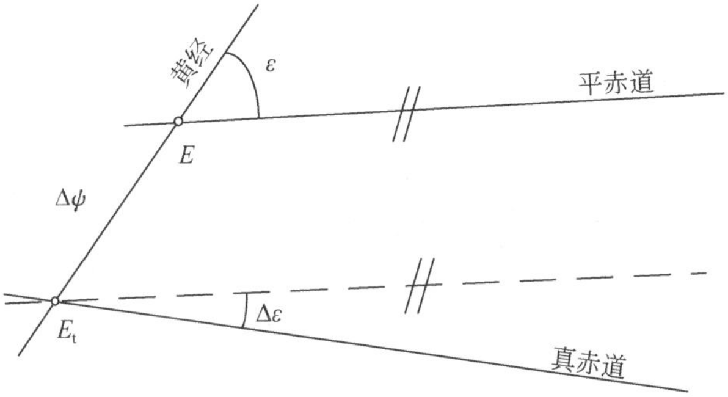

图 2.12　章动的示意图

2.7　极　　移

事实上，人们早已发现，地球自转轴相对地球体的位置并不是固定的。地球自转轴不仅受到日、月引力作用而在空间变化，而且受到地球内部质量不均匀影响而在地球体内部运动。后者导致地极在地球表面上的位置随时间而变化，这种现象称为地极移动，简称极移。

1891 年，美国天文学家钱德勒指出，极移包括两个主要周期成分：一个是周年周期，振幅约为 0.1″；另一个是近 14 个月（432 天）的周期，振幅约为 0.2″，称为钱德勒周期。

地极的移动将使地球坐标系坐标轴的指向发生变化，这将对实际工作造成很多困难，因此国际天文学联合会（International Astronomical Union，IAU）和国际大地测量学与地球物理学联合会（International Union of Geodesy and Geophysics，IUGG）早在 1967 年便建议，采用国际上 5 个纬度服务站，以 1900～1905 年的平均纬度所确定的地极位置作为基准点，通常称为国际协议原点（conventional international origin，CIO）。5 个纬度服务站分别分布在意大利（Carloforte）、美国（Gaithersburg）、俄罗斯（Kitab）、日本（Mizusawa）、美国（Ukiah）（郝金明等，2015），平地球坐标系的 Z 轴指向 CIO（图 2.13）。

极移现象主要引起了瞬时地球坐标系相对协议地球坐标系的旋转。

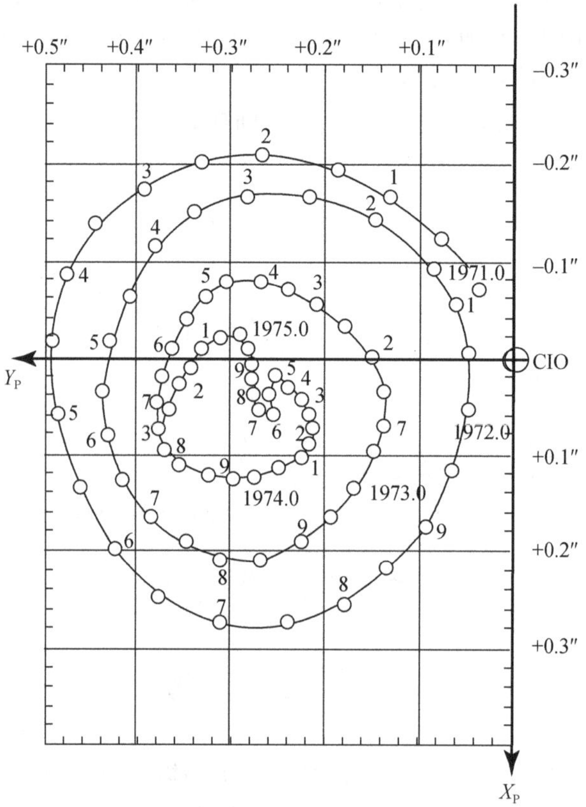
+0.5″
+0.4″
+0.3″
+0.2″
+0.1″
−0.3″
−0.2″
−0.1″
+0.1″
+0.2″
+0.3″
CIO
Y_P
X_P
1971.0
1972.0
1973.0
1974.0
1975.0

图 2.13　极移运动轨迹

第3章 天球参考系

整个宇宙充满着运动的物质，如在银河系中恒星的运动；星系团、星系和疏散星团中成员星的运动；太阳系中行星和卫星的自转及其轨道运动；地球的自转和极移以及板块的运动。这些天体在空间的位置和运动必须在天球参考系中进行描述，而地球上点的运动在地球参考系中描述更为方便。在通过牛顿力学描述天体运动方程式的过程中(不包括旋转和加速度项)，定义了某些不变的点和方向，这些点和方向由天体的力学运动定义，称为力学参考系。人们认为可见的宇宙是无旋转的，在宇宙中非常遥远的天体，如类星体或星系没有自行，或者小于 $2\times10^{-5}{}''$/年，由这些遥远的天体的运动性质或者几何定义的参考系称为运动学天球参考系。地面上的台站坐标用理论模式描述的参考系称为地球参考系。在广义相对论中定义的参考系称为惯性参考系，在牛顿力学中所给出的参考系称为准惯性参考系，现在能实现和得到的也是后者。

空间测量需要适用于地球表面附近和整个太阳系的两个基本的时空参考系。可分别在地球和整个太阳系的质量中心无穷小邻域内的理想惯性系内，定义时空参考系的坐标时和空间笛卡儿直角坐标，即太阳系质心天球参考系(barycentric celestial reference system，BCRS)和地心天球参考系(geocentric celestial reference system，GCRS)。要使 BCRS 和 GCRS 分别适用于整个太阳系和近地空间，只要根据太阳系与近地空间的质量和能量分布，建立相应的时空度模型即可(韩春好，1994b；马高峰，2011)。

在导航定位中，最根本的任务是确定用户在空间的位置，而用户的位置，即接收机天线所在的位置是通过导航卫星的位置计算得到的，因此在卫星导航定位中要描述导航卫星和用户接收机的位置，首先必须选定坐标系统。导航卫星的运动是在引力下的惯性运动(这里引力的主要成分是地球引力)，它与地球的自转无关，因此要描述导航卫星的位置，应该引入一个不随地球自转而变化的坐标系统即天球坐标系，也称为空固系。本章主要讨论天球参考系的定义以及天球坐标系的建立和转换。

3.1 参考系和参考框架

在天文、大地测量和地球物理学研究应用领域，经常会用到参考系、参考框架等术语。这些术语在不同的学科有不同的含义和理解，但在一些交叉学科的研究领域，则会出现概念上的混乱。为统一起见，本书均采用宁津生(2002)给出的定义。

参考系，又称参考系统，是为了表示位置坐标而定义的类似于标尺作用的参照物的称谓。例如，若将椭球体看作参照物，则椭球表面的经线、纬线、法线及相应刻度共同构成参考系统；若将3条笛卡儿坐标轴看作参照物，则坐标中心、坐标轴及其刻度共同构成参考系统。

在参考系统的具体实现中，不可能把椭球体或者笛卡儿坐标这类人为定义的概念和名词具体标出来，只能用固定在地球上的一组标记及其坐标和其他一些参数间接地表示出来，这组标记就是一个框架。换言之，参考框架(又称参考架)就是参考系统的具体实现。

参考系和参考框架之间的区别是很微妙的。前者相对来说是不变的、不能直接使用的，而后者是可以直接使用的，并且是可以不断改善的。参考框架的作用是提供一个使参考系具体化的方法，以便于用它定量描述地球上(地球参考框架)或天球上(天球参考框架)的位置和运动。参考系是总体概念，参考框架是具体应用形式。

参考框架的实现与应用密切相关，目前人类主要生活在地球表面附近，因此仅需实现地面附近的坐标时参考框架，而人类可观测的空间区域几乎已扩展至整个宇宙，此时需实现地球参考框架和天球参考框架。定义坐标时所需的参考基准、理论模型、常数以及由原子钟采集的原时观测量解算坐标时的方法共同组成了坐标时参考系，而用于实现坐标时的原子钟及由这些原子钟采集的原时观测量解算坐标时共同组成了坐标时参考框架。

日常生活中，人们对一个物体的位置和速度的描述，是相对一个或一系列具体的参照物来实现的，而由一系列参照物所构建的框架就称为参考框架。一个好的参考框架应具有下列属性，即刚性好、框架所体现的坐标网格尺度均匀、构成框架的节点可独立观测等。

参考系是实际应用中描述物体运动的参考系统，包括具体的参考框架与抽象的坐标系。参考框架是参考系的物理支撑，坐标系是参考系的数学抽象。

3.2 导航中的基本坐标系

从方便、实用的角度考虑，运动载体一般在近地空间运行，随地球自转，显然使用地球坐标系最为方便。然而，卫星不随地球自转，而是在万有引力的作用下绕地球旋转，在地球坐标系中表示它的运动方程(从而得出它的位置)将会十分复杂，因此卫星位置一般用天球坐标系表示，天球坐标系不随地球自转。

这就存在两者之间的转换问题，即需将卫星的天球坐标转换为地球坐标，另外，上行注入站还需把地球坐标转换为天球坐标，注入卫星存储器中。本章将讨论各种天球坐标系的定义及其相互转换关系。

3.2.1　天球参考系的定义

天球参考系就是用于研究天体位置和运动的参考体系，包括基本点(圈)、运动学或动力学理论方法、常数系统三个基本要素。天球参考框架则是基于不同方法、基准点天体对天球参考系的具体实现或者物理实现。

严格来说，卫星的运动理论是根据牛顿万有引力定律在惯性坐标系中建立起来的，而惯性坐标系在空间的位置和方向应保持不变，或仅做匀速直线运动，但实际上严格满足这一条件是很困难的。在天体测量中，惯性参考系一般是通过基本星表坐标系来近似实现的。

对于应用，更重要的是如何实现用数学模型定义的参考系，即如何实现其参考框架。第 23 届 IAU 通过决议：在天文上采用国际天球参考系(international celestial reference system, ICRS)，它的原点在太阳系的质心，坐标轴对于一组河外射电源是固定的，并且进一步指出，天球参考系的主平面尽量和 J2000.0 历元的平均赤道面重合，主平面原点尽量与 J2000.0 历元的动力学分点重合。

ICRS 在射电波段由 IERS 每年分析全球甚长基线干涉测量(very long baseline interferometry，VLBI)观测得到的射电源参考框架，即国际天球参考框架(international celestial reference frame, ICRF)予以实现，而在光学波段由依巴谷星表予以实现。

通常天球参考系用一组表示天体坐标的位置和自行的星表来实现，然而天体的位置和自行是根据天文观测的结果来编制的。由于观测精度的提高以及恒星的自行，以往每隔 20 年左右 IAU 采用新的星表作为国际天球参考框架，如 1962 年 IAU 采用 FK4，1984 年以后采用 FK5，1997 年以后则采用 ICRF。河外射电源几乎没有自行，因此需要用数学模型和不断测定其位置及源结构来维持参考框架的稳定性(马高峰，2011)。

3.2.2　地固参考系的形式

地固参考系也有以下三种形式：

(1)天文大地参考系，主要用于光学天体测量和大地测量。

(2)常规大地参考系和空间大地参考系，主要用于局部大地测量。

(3)协议地球参考系(conventional terrestrial reference system，CTRS)，主要

用于卫星导航和定位及全球空间大地测量。

3.3 天球参考框架

建立参考系必须遵循一定的原则，这些原则包括：如何通过观测建立某些事件的时空坐标，如何实现相应框架。例如，通过观测以一些天体相对于某参考系的位置的历书或星表的形式来实现。

天球参考框架是天球参考系的具体实现，基于不同的方法和基准会产生不同的天球参考框架，如以恒星为基准的光学参考框架、以类星体为基准的射电源参考框架和以大行星为基准的月球行星历表参考框架。

3.3.1 运动学天球参考框架

运动学天球参考系分为以恒星为基准的恒星参考系或光学参考系，以及以类星体为基准的河外射电源参考系。实现这些参考系的是在某一历元一组恒星或射电源的位置的星表，如FK5、依巴谷等，称为恒星参考框架或河外射电源参考框架（马高峰，2011；韩春好，2017）。

1. 恒星参考框架

恒星参考框架就是一本星表。星表的编制需要有基本面和原点（赤道面和原点），还需要一组常数把观测恒星的位置转换到某一历元（如J2000.0），以及太阳在空间的运动和银河系的旋转模型。评价恒星参考框架或星表优劣的标准如下：

(1)整个框架应当是无旋转的。

(2)所采用的原点和基本面应没有系统差。

(3)整个框架应是均匀无变形的。

1989年8月依巴谷天体测量卫星发射，1997年6月欧洲航天局公布了依巴谷和第谷星表，由此IAU决定由依巴谷星表取代FK5星表作为新的光学参考框架。依巴谷星表提供了历元为1991.25的118000颗恒星在ICRS中的赤道坐标及其自行和视差等，该星表的密度为每平方度3颗星，极限星等为12.4mag①，实际上天文观测仅涉及其中的117955颗恒星。关于亮星（星等小于9），其视差精度为0.97mas，测光精度为0.0015mag，星表的系统误差小于0.1mas。可见，依巴谷星表恒星位置的精度比地面观测提高了一个量级，视差精度比地面提高了一倍，自行精度与地面观测相仿，依巴谷星表是目前最好的光学星表（马高峰，2011）。

---

① mag是星等的单位，表示星星的明暗程度，星等值越小，星星越亮；星等值越大，星星越暗。

第谷星表是依巴谷星表的扩充，共测定了 1058332 颗星的位置，每平方度为 25 颗星，极限星等为 11.5mag。第谷星表的位置精度为 25/7mas，测光精度（星等小于 9）为 0.012mag。

依巴谷星表还存在以下两个缺陷：

(1)由于观测仅 37 个月，自行精度与 FK5 基本星的自行相当。

(2)尽管观测的极限星等是 12.4mag，但是观测次数最多的是 9mag，暗于 9mag 的恒星仅 13000 颗。

鉴于上述原因，需要发射第二颗天体测量卫星，也需要用地面早期的观测底片和装置电荷耦合元件(charge coupled device，CCD)的子午环观测改进依巴谷的自行和向暗星扩充。空间望远镜的大小和运行时间受到限制，至今空间观测不能全部代替地面观测，地面观测还需继续进行，它们各自发挥其特点，并相互补充不足之处，建立精度高、无残余旋转、系统差小的光学参考系。

2. 河外射电源参考框架

早在 200 年前，以拉普拉斯为代表的科学家就产生了用河外星系来定义天球参考框架的想法，先后研制出许多河外星系的光学星表。光学河外星系虽然很遥远，相对来讲几乎无自行，但是这些河外星系的光学位置很暗，一般在 17mag 左右，不易精确测定其位置，因此无法用光学河外星系建立光学天球参考框架。然而，第二次世界大战后，射电天文迅速发展，随着仪器的不断改进，河外射电源的射电位置的精度由最初的 1～3as 提高到 2mas。因此，1985 年第 19 届 IAU 首次提出以河外射电源为基准的准惯性参考框架的概念，通过地球自转监测与比对技术(monitoring earth rotation and intercomparing techniques，MERIT)联测，逐步建立了利用河外射电源精确地建立天球参考框架的算法以及维持稳定的原则。在 IERS 建立以后，每年公布由全球 VLBI 观测得到的 ICRF。1991 年第 21 届 IAU 正式建议以后采用河外射电源实现的准惯性天球参考框架，1994 年第 22 届 IAU 提出了构成准惯性天球参考框架的 608 个候选源，通过逐个挑选，致密的、无结构变化的 212 颗射电源构成现在的 ICRF 定义源(马高峰，2011)。

河外射电源参考框架具有两个优点：①这些致密射电源的射电位置精度高，大部分达到 1mas；②这些致密射电源距离地球大于 1000Mpc(pc 为天体距离单位，1pc≈3.2616 光年)，无自行。现在只有 VLBI 技术能精确测定河外射电源的位置，每个 VLBI 观测分析中心根据不同的 VLBI 网和不同的归算软件得到了不同的观测射电源表，为了将不同的观测射电源表综合为一本源数多、天区覆盖广并能消除局部系统差的综合表，通常可采用数值平均法、弧长差法、小角旋转法等进行综合。

现有观测星表存在的问题是南半球的射电源精度较差，大部分射电天线分布在北半球，因此近年来在巴西的福塔莱萨和南极洲的奥希金斯建立了射电天线。河外致密射电源能在全天候观测的不多，现在各 VLBI 观测网除观测 608 颗射电源外，还增加了新射电源的观测。另外，射电源是有结构的，有的还是超光速源，因此 1995 年以后，美国国家天文台用甚大阵(very large array, VLA)测量射电源的结构，并给出其结构指数，根据其结构可以估计对位置的影响。随着观测精度进入微角秒时代，在计算模式中需要考虑引力透镜现象和其他物理模式，也需要监测源结构的变化，并寻找其规律性。

射电源的发现及类型如下：

1)射电源的发现

1931 年，一位名为扬斯基的美国工程师，在他的无线电接收机上收到了一种来历不明的无线电波，这种电波每天出现，出现的周期正好等于地球相对于恒星自转一周的时间。后来经研究证实，这是来自银河系中心的电波。不仅如此，宇宙中的许多天体都像电台一样向外发射较强的无线电波，并能被地球的射电望远镜接收到，这就是射电源。

2)射电图

近代射电天文学指出，来自宇宙的电波信号是宇宙天体本身发射出来的一种射线。这种宇宙射线具有极高的能量，其辐射粒子的速度接近于光速。当宇宙射线进入大气层的外层时，猛烈地撞击大气层中的各种气体分子，从而产生一些其他粒子。当它们撞击到地面上时，研究人员可以用仪器记录下来，放入计算机中进行处理，进而得到一个年轮形状的图案，这就是射电图。射电图表示射电源电波的强弱分布，如著名的射电源天鹅座 A 的射电图，就是两个像眼珠一样的圆斑。奇妙的是，这两个圆斑并不在星系本身的位置上，而是在星系两侧对称的位置上，彼此相距 30 万光年。天文学家用光学望远镜仔细搜索这两个“眼珠”所在的天区，却什么也没有发现，的确，许多射电源都可以找到一个相对应的天体，但像射电源天鹅座 A 这样的情况并不是绝无仅有的。

3)已发现的射电源

目前，已经发现的射电源有 30000 多个，但能够与光学方法观测到的天体对应的还不多。例已证认出的天体有超新星遗迹、银河星云、星系、类星体、活动星系核和少数恒星等。实际上大多数天体都可能是弱射电源，但可供研究的只是地球上能测出射电的射电源。可以按距离把它们分成两类：第一类是太阳系外、银河系内的射电源，分布于银道面附近；第二类是银河系外的射电源，散布在整个天空中。也可以根据视角径大小分为致密源和展源两种。非分立的宇宙射电通常称为背景射电，银河系内最强的射电源中，一种是超新星正在膨胀的热气壳(如蟹状星云)；另一种是称为银河星云的热电离氢区(HⅡ区)；还有一种称为射电星，包括脉冲星、射电新星、红矮耀星(简称耀星)、红超巨星及其蓝矮伴星、X 射线星和特殊双星系统等。目前,发现的射电星数目还不多,例如脉冲星有 300 多个,耀星有近千个,射电新星只有 1 个,已发现的类型也不多。此外,银河系内许多分子云也是分立射电源。

河外射电源的类型很多。第一种是正常射电星系,像仙女星系这样的所有邻近旋涡星系,在射电波段其辐射与银河系类似。它们具有从旋臂中的氢云发出的同步加速辐射和中性氢 21cm 谱线辐射。正常射电星系在射电波段的平均辐射功率为 1037～1041 尔格/s(1 尔格＝10^{-7}J),只及可见光波段输出功率的百万分之一。

第二种是特殊射电星系。它们的射电功率比正常射电星系高 102～106 倍,近于或大于星系的全部光学功率,因此称为特殊射电星系。有些特殊射电星系在光学上与正常星系相似,但另一些则具有特殊性质。例如,一个位于室女星系团中的巨型椭圆星系 M87,它发出的射电功率比典型的亮星系强几千倍。这个星系在长时间曝光的照片上看起来像正常星系,而在短时间曝光的照片上可以看到从星系中心发出一个明亮喷射物。特殊射电星系的结构各不相同,有些射电源的射电来自一个单一小区,少数射电源具有明亮的中心源,周围有较大的延伸射电区,后者称为核-晕射电源。特殊射电星系大多数是具有射电双源的椭圆星系,其射电来自星系的光学像两旁的两个延伸区(见河外射电双源和多重源)。半人马座中的星系 NGC5128 则更复杂,它有两对射电子源,内部的一对强源重叠在星系的光学像上,另一对不对称的较大的源具有较大的间距。

第三种是类星射电源。有许多类星射电源的射电来自范围小于 1 光年的中心区的爆发。有些类星射电源具有小的中心源和两个延伸的云,从中心源来的射电通常随时间发生缓慢变化。类星射电源发出比正常星系高达 100 万倍的射电功率。它们具有很大的谱线红移,若认为谱线红移就是视向速度的反映,则它们可能是迄今所知最遥远的天体。

3. 射电和光学参考框架的连接

河外射电源参考框架 ICRF 只能直接服务于射电波段的天体测量工作,而许多天体测量则是工作在光学波段或其他波段。为了使其他的参考框架统一到 ICRF,需要研究它们之间的联系,即天球参考框架的连接。1998 年 1 月 1 日起在天文、测地、地球物理、空间研究等各个领域中都采用了 ICRS,但是实现 ICRS 的 ICRF 射电源表仅包括 608 颗星源,较新的版本也仅有 717 颗源,而在实际应用中源数更少,而且在全球分布不均匀,无法使用。通常使用的是依巴谷星表,其包括 118218 颗星,每平方度 3 颗星,因此将依巴谷星表与 ICRF 连接显得非常重要

（乔书波等，2007）。

依巴谷星表与ICRF之间的联系可通过下列方法实现：用VLBI和连线干涉仪及VLA观测射电星；用CCD、照相底片和哈勃望远镜观测类星体相对于依巴谷星的位置；用照相观测确定恒星相对于河外天体的绝对自行；比较用VLBI和地面光学观测依巴谷星所得到的地球定向参数（earth orientation parameters，EOP）。综合上述四种方法得到的结果，有学者得到历元J1991.25时依巴谷星表相对于ICRS的三个旋转角为（0.26±0.60）mas、（0.02±0.60）mas、（0.14±0.60）mas；它们的变率分别为（0.04±0.25）mas/a、（−0.13±0.25）mas/a、（−0.15±0.25）mas/a。通过这些参数即可以将依巴谷星表连接到射电源参考框架（乔书波等，2007）。

与其他主要天球参考系的连接可通过太阳系天体、相对于类星体的银河恒星和基于地面或空间天文目标的较差VLBI观测来建立。例如，建立基于太阳系内天体的历表参考框架与射电天球参考框架的连接是为了满足深空导航研究的需要，而且有利于射电源参考框架赤经起算点与力学分点的统一。光学与历表参考框架的连接可以通过行星的光学观测和掩星观测来实现，如利用子午观测、等高观测、照相或CCD光学观测方法在光学参考框架中测定大行星的光学位置等（乔书波等，2007）。有学者利用小角旋转法和1450颗FK5星比较了FK5星与依巴谷星之间的关系，其结果表明，在星表历元J1991.25时FK5星相对于依巴谷星的三个旋转角为（−18.8±2.3）mas、（−12.3±2.3）mas、（16.8±2.3）mas；它们的变率分别为（−0.10±0.10）mas/a、（−0.43±0.10）mas/a、（−0.88±0.10）mas/a。这样可以把历史上的光学观测换算为ICRS。

3.3.2 动力学天球参考系

太阳系的天体（水星、金星、地球、火星、木星、土星、天王星、海王星）以及月球的运动定义了参考框架基本面的方向和点，如黄道、赤道、白道的指向和春分点，由这些指向和点构成的参考框架称为力学参考框架。目前常用的历书有美国喷气推进实验室（Jet Propulsion Laboratory，JPL）的DE405/LE405（已为IERS2000规范所采用）、法国经度局（1998年后改名为法国天体力学和星历计算研究所）编制的VSOP82/ELP200、中国紫金山天文台编制的PMOE2003等（马高峰，2011）。

1. 天体运动方程式的建立

以拉格朗日行星运动方程为基础的摄动方程式可以在一个惯性参考系中表示。在DE200/LE200之前该参考框架采用的是FK4，历书给出行星B1950.0的位置；DE200/LE200是以FK5为参考框架的，历书给出了J2000

行星的位置和速度；DE405/LE405 是以 ICRS 为参考框架的，历书给出了 J2000 行星的位置和速度。

对于点质量的天体 i，其运动方程式如下：

$$\begin{aligned}\ddot{r}_i = \sum_{j\neq i}\frac{\mu_j(r_j-r_i)}{r_{ij}^3}\Bigg\{&1-\frac{2(\beta+\gamma)}{c^2}\sum_{k\neq i}\frac{\mu_k}{r_{jk}}+\gamma\left(\frac{v_i}{c}\right)^2\\&+(1+\gamma)\left(\frac{v_i}{c}\right)^2-\frac{2(1+\gamma)}{c^2}\dot{r}_i\cdot\dot{r}_j-\frac{3}{2c^2}\left[\frac{(r_i-r_j)\cdot\dot{r}_j}{r_{ij}}\right]^2\\&+\frac{1}{2c^2}(r_j-r_i)\cdot\ddot{r}_j\Bigg\}\\&+\frac{1}{c^2}\sum_{j\neq i}\frac{\mu_j}{r_{ij}^3}\{(r_i-r_j)\left[(2+2\gamma)\dot{r}_i-(1+2\gamma)\dot{r}_j\right]\}(\dot{r}_i-\dot{r}_j)\\&+\frac{3+4\gamma}{2c^2}\sum_{j\neq i}\frac{\mu_j\ddot{r}_j}{r_{ij}^3}+\sum_{m=1}^{5}\frac{\mu_m(r_m-r_i)}{r_{im}^3}\end{aligned} \tag{3.1}$$

式中，r_i、$\dot{r}_i$、$\ddot{r}_i$ 分别为天体 i 的太阳系质心位置、速度和加速度；$\mu_j=Gm_j$，G 为引力常数，m_j 为天体 j 的质量；$r_{ij}=|r_j-r_i|$；β、γ 分别为参数化后牛顿(parameterized post-Newtonian，PPN)表示的重力叠置和空间的歪曲；$v_i=|\dot{r}_i|$；c 为常数。

式(3.1)右边最后一项求和运算中的 m 为使用小行星的数目，在 DE403 以前使用对行星有较大影响的 5 颗小行星 Ceres、Pallas、Vesta、Iris、Bamberge 的资料，而从 DE403 开始使用 300 颗小行星的资料，分别讨论其对行星轨道运动的影响。

在月球轨道积分中，还应考虑以下因素。

(1)形状效应：地球和月球是有形状的，如地球带谐与点质量月球和太阳之间的引力，月球带谐和田谐与点质量地球和太阳之间的引力。具有形状的天体与点质量天体的作用产生了形状体的惯性加速度。同样具有形状的天体与点质量天体之间的作用使点质量天体也具有一个惯性加速度，即

$$\ddot{r}_{\mathrm{PM}}=-\frac{\mu_{\mathrm{Fig}}}{\mu_{\mathrm{PM}}}\ddot{r}_{\mathrm{Fig}} \tag{3.2}$$

(2)地球潮汐：月球对地球的潮汐作用使月球产生加速度，其表达式为

$$\ddot{r}_{\mathrm{tides}}=-\frac{3k_2\mu_{\mathrm{m}}}{r_{\mathrm{em}}^3}\left(1+\frac{\mu_{\mathrm{m}}}{\mu_{\mathrm{e}}}\right)\left(\frac{a_{\mathrm{e}}}{r_{\mathrm{em}}}\right)^5\begin{bmatrix}x+y\delta\\y-x\delta\\z\end{bmatrix} \tag{3.3}$$

式中，k_2 为地球的勒夫数；a_{e} 为地球的半径；r_{em}为地月距离；x、y、z 为月球的地心坐标；μ_{m}、μ_{e} 分别为引力常数乘以月球质量和地球质量；δ 为月球引力使地球引起凸出的相位延迟。

整个太阳系能量是守恒的，因而引起其对行星产生的附加惯性加速度的讨论。

在解算上述天体运动方程中，可以用初始条件、拟合观测资料的数值积分，如现在 DEXXX 历书的计算；也可以把方程式展开为三角函数用观测资料拟合后，推算三角函数的系数值，如 VSOP82 历书。1980 年以前，JPL 对行星和月球的积分是分别进行处理的，在采用 DE111 历书之后，则进行了统一的处理。

2. 力学参考框架的指向

在天体的运动方程决定以后，数值积分取决于初始条件、基本常数和拟合的观测资料，也可以说，初始力学参考框架指向取决于积分的初始条件，最后由拟合的行星的观测资料所决定，即行星的运动规律定义了力学参考框架的指向，在采用历书 DE111/LE55(1980 年 5 月)以前，观测资料拟合中行星和月球分两步进行，行星的测距资料决定了行星的相对指向，而绝对指向取决于行星的光学观测资料。

3. 与运动学参考框架的连接

运动学参考系(恒星参考系、射电源参考系)和动力学参考系(行星、月球、卫星参考系)的不同实现过程表明：①具有不同的天体，如恒星和河外射电源的位置表征了恒星和射电源参考框架；②采用不同的基本常数，如 FK4 采用 IAU1964 年天文常数系统，而 FK5 采用 IAU1976 年天文常数系统，DE200 和 DE403 的基本常数，特别是冥王星和小行星的质量不同；③采用不同的数学模型，恒星参考框架采用的基本面为赤道，基本点为春分点，而行星和月球历书采用由引力决定的运动方程所确定的基本点和面，即使用同一类型的参考系，如射电源参考框架 RSC(GSFC)97R01、RSC(NOAA)97R01、RSC(JPL)97R01，观测资料的不同也会导致噪声结果的差异。人们在实际观测中曾使用过恒星星表，如 FK4、FK5 等，而现在的参考系是由射电源参考框架 ICRF 实现的，由于 ICRF 的射电源仅 608 颗，实际使用的是依巴谷星表，而观测太阳系天体通常使用 DE405 历书。如果把以往的观测资料归算至同一参考框架内，或将不同参考框架的观测资料归算至 ICRF 中，就需要各种参考框架和同一类参考框架之间的连接(马高峰，2011)。

其中，射电源参考框架和光学参考框架的连接已经在前面进行介绍。射电源参考框架和历书参考框架的直接连接有三种方法：①采用较差 VLBI；②采用外行星及其卫星的 VLA 观测；③采用毫秒脉冲星观测。另外，也可以采用间接比较的方法推算历书参考系与射电源参考系的连接。光学参考框架和历书参考框架的连接主要是通过对行星及其卫星的光学观测来实现的，通常历书参考框架是由运动方程式拟合行星观测资料而得到的，光学的参考框架基于历书的力学分点和赤道、黄道平面。

在参考框架的连接中，具有多种观测技术的并置台站起着重要的作用。可以通过地球参考框架的连接，比较这些技术实现的天球参考框架的连接，也可以研究这些技术在实现原理上的区别。

3.4　国际天球参考系和国际天球参考框架

1987 年 3 月在美国召开了成立 IERS 的筹备会议，1988 年 1 月 IERS 正式开展工作，代替了 BIH 和国际极移服务(international polar motion service，IPMS)的职能。IERS 发布的产品中，包含 IERS 天球参考框架、IERS 地球参考框架和 EOP 序列等。

3.4.1　天文常数系统

天体的运动除了与参考框架有密切关系，在归算和结果比较时还与规范(天文常数与物理模型)有关，例如，为了把 J1950.0 的恒星视位置换算为 J2000.0，需要岁差和章动常数及其物理模型。

天文常数之间并非独立，有些常数之间有严格的数学关系，如太阳视差与周年光行差常数，太阳视差与地月系质量，太阳、地球和月球之间的质量等。根据常数的测定值和常数之间的数学关系给出一组天文常数称为天文常数系统。由于各常数之间的关系，天文常数不一定等于当时的测定值，而是既非常接近测定值，又满足常数之间的数学关系。天文常数系统中的常数分为定义常数、初始常数和推导常数，其中推导常数与定义常数和基本常数要满足严格的数学关系。

另外，这些常数与参考框架有密切的关系，不同的参考框架中天文常数具有不同的数值，如引力常数 G、天文单位 AU 等。使用者在应用天文常数系统时必须明确处理资料所采用的参考框架，否则得到的结果有误。

3.4.2　国际天球参考系

FK5 基于地球在空间运动的动力学模式，采用动力学方法定义的春分点和赤道面，而 ICRS 则是通过一套河外射电源位置来实现的，它是基于运动学的概念。IAU 建议天球参考框架的原点应位于太阳系的质心，坐标轴应指向类星体；并且进一步指出，天球参考系的主平面尽量和 J2000.0 历元的平均赤道面重合，主平面原点尽量与 J2000.0 历元的动力学分点重合。国际天球参考系由 IERS 提供，被国际大地测量协会 1997 年采纳，定名为 ICRS。1998 年 1 月，ICRS 正式取代 FK5 星表，天球参考系也包括由光学参考框架实现的 ICRS，其精度明显优于 FK5 星表所建立的天球参考框架(马高峰，2011)。

保持参考框架的指向和河外射电源坐标不断改进的必要性要求对参考框架进

行持续有规律的维持。IERS 在 1989～1995 每年都会计算出一个天球参考框架来实现同一个 IERS 河外射电源参考框架；定义天球参考框架所使用的河外射电源的数量也从 1988 年的 23 颗猛增到 1995 年的 212 颗。通过比较发现，每年实现的天球参考框架之间存在一个小的漂移，目前精度优于 0.1mas，轴向间相对误差优于 0.02mas。IERS 建议 1995 年天球参考框架作为 ICRS 的实现，国际大地测量协会（International Association of Geodesy，IAG）在 1997 年已经正式接受这个建议。

用来建立河外射电源参考框架的 VLBI 观测量也被用来监测天极在天空的运动（岁差和章动）。这样，分析 VLBI 观测量就可以提供对岁差与章动的协议 IAU 模型的改正，并能精确估计出 J2000.0 历元的平极相对于国际天球参考系的国际参考极（international reference pole，IRP）的漂移。基于 2001 年 IERS 的 VLBI 解，J2000.0 历元极相对于 ICRS 天球极的漂移已经被估计出来，采用的是 IERS 1996 年改进的章动模型和新的 MBH2000 章动模型。在国际天球参考系下，当 J2000.0 历元平极的方向采用 IERS1996 章动模型时，在 12h 方位是＋17.1mas，在 18h 方位是＋5.0mas；当采用 IERS2001MBH2000 章动模型时，在 12h 方位是＋16.6mas，在 18h 方位是＋6.8mas（马高峰，2011）。

ICRS 的春分点根据三部射电源中 23 颗河外射电源的赤经采用值来确定，这三部射电源表分别由美国的戈达德飞行中心（Goddard Space Flight Center，GSFC）、JPL 和美国国家大地测量局（National Geodetic Survey，NGS）三个单位给出，并把 3C273B 类星体的赤经固定为 FK5 星表的值（相对于 J2000.0 的赤经为 12h29min6.6997s）来确定 ICRS 的赤经原点。

利用 VLBI 和激光测月（lunar laser ranging，LLR）实现的地球参考系和地球定向参数推出的 ICRS 赤经原点相对于 J2000.0 动力学分点的距离是（78±10mas）。卫星激光测月观测分析表明，国际天球参考系的赤经原点相对于 ICRS 参考面上 J2000.0 历元的惯性平春分点有一个（－55.4±0.1）mas 的位移（沿极轴顺时针旋转）。有学者发现，FK5 星表的春分点相对于 IERS 参考框架的赤经原点有（－22.9±2.3）mas 的位移。这些结果表明，ICRS 的赤经原点与国际天文联合会的建议是相符的（马高峰，2011）。

3.4.3 国际天球参考框架

国际天球参考系 ICRS 由国际天球参考框架 ICRF 来实现，ICRF 由一组河外射电源的精确坐标实现。参考框架中的对象分成三个子部分：定义、备选和其他资料。定义资料包括评估测站稳定性的足够长时间跨度的观测量，用来维持 ICRS 参考轴的指向。不足的观测资料或观测时间跨度太短而不能用来定义参考框架的资料称为备选资料，这些可以作为在 ICRF 后续实现中潜在的定义资料。分类中的其他资料包括位置精度不高的测站，它们可用来建立不同参考框架之间的连接。

1995 年，IAU 参考框架工作组（Working Group on Reference Frame，WGRF）利用全球 VLBI 的观测资料（截至 1995 年 7 月，共有 160 万对延迟和延迟率），采用弧参数消去法进行平差，得到延迟的事后拟合加权均方根残差为 32.6ps，延迟率残差为 104.2ps/s，共有 1305 个“全局参数”解和 65 万个“弧参数”需要求解，最后得到 WGRF 射电源表。通过与 RSC（IERS）95C02 的比较（共有 133 颗共同源），把 WGRF 射电源表旋转至 RSC（IERS）95C02，得到了天球参考框架 RSC（WGRF）95R01，并于 1997 年在 IAU 第 23 届大会上发表。在数据处理中有关源的选择采用了以下准则：源的位置精度优于 1mas；观测次数在 20 次以上；几次试算中坐标差小于 3σ 和 0.5mas；源结构的变化和视运动很小。以上工作就是最初 ICRF 的实现（乔书波等，2007）。

从 1988 年至今，IERS 每年根据各分析中心提供的射电源表，通过数学方法进行综合，给出一本综合射电源表，用以定义和实现天球参考框架，并维持天球参考框架的稳定，自 1993 年以来指向精度一直稳定在几十微角秒。利用 1999 年 4 月的 VLBI 观测数据建立的天球参考框架，称为 ICRF-Ext.1。在 ICRF-Ext.1 中定义源的位置与误差从最初实现 ICRF 一直没有变化，212 颗定义源的位置中误差分别是：赤经为±0.35mas、赤纬为±0.40mas。在假设射电源没有自行且相对于空间没有整体性旋转的情况下，不同天球参考系的旋转参数的离散性表明，在±0.02mas的精度上由河外射电源实现的天球参考框架是稳定的（IERS2000）。在建立射电源参考框架时，必须对候选源和其他源的位置与误差重新进行计算，并列于星表中，在 ICRF-Ext.1 星表中射电源的总数目是 667 颗。

IERS 的 EOP 提供了 ICRF 与 ITRF 的连接。EOP 描述的是天球历书轴在天球参考系和地球参考系中的运动（极坐标 x、y 和天极补偿 $d\psi$、$d\varepsilon$）以及地球绕着天球历书轴的定向（UT1-UTC）。这一连接在±0.30mas 的精度上是每日可用的。

在计算方法上，ICRF 也在研究各种技术的综合解算，如甚长基线干涉测量、卫星激光测距（satellite laser ranging，SLR）等，现在 IERS 的天球参考框架、地球参考框架和 EOP 是根据各分析中心提供的射电源表、测站坐标组（set of station coordinates，SSC）和 EOP 序列分别综合得到的，各序列之间的关系应满足

$$\begin{cases}\Delta x = R_2 + A_1\sin t - A_2\cos t \\ \Delta y = R_1 - A_1\cos t - A_2\sin t \\ f\Delta \mathrm{UT1} = -R_3 + A_3 \\ \Delta\dot{x} = \dot{R}_2, \quad \Delta\dot{y} = \dot{R}_1, \quad f\Delta\dot{\mathrm{U}}\mathrm{T1} = -\dot{R}_3\end{cases} \tag{3.4}$$

式中，A_1、A_2、A_3 和 R_1、R_2、R_3 分别为天球参考框架和地球参考框架的转换参数；f 为世界时（universal time，UT）和恒星时之间的转换因子。

目前 IERS 地球参考框架的综合解由法国国家地理和林业信息研究所负责，天球参考框架和地球指向参数由法国巴黎天文台负责。由于分别处理，地球定向参数的解算不能完全满足式(3.4)。自 1997 年起，GMST 的计算考虑了月球的交点项，因此在 1997 年 1 月 UT1- UTC、X、Y 分别调整了 -0.02ms、0.4mas、1.2mas，此时新旧系统之间的关系如下：

$$\begin{cases} X_{新}-X_{旧}=0.4+0.10\times\dfrac{T-50449.0}{365.2422} \\ Y_{新}-Y_{旧}=1.2+0.10\times\dfrac{T-50449.0}{365.2422} \\ \mathrm{UT1}_{新}-\mathrm{UT1}_{旧}=-0.2+0.03\times\dfrac{T-50449.0}{365.2422}-1.76\sin\Omega-0.04\sin(2\Omega) \\ \Delta\psi_{新}-\Delta\psi_{旧}=-0.2 \\ \Delta\varepsilon_{新}-\Delta\varepsilon_{旧}=-0.2 \end{cases} \tag{3.5}$$

3.5　常用天球坐标系及其转换

天球坐标系与地球自转无关，这对于描述卫星的运行状态、确定卫星轨道是极其方便的。

3.5.1　瞬时极天球坐标系

瞬时极天球坐标系也称为真天球(赤道)坐标系，原点位于地球质心，Z 轴指向瞬时地球自转轴方向(也称真天极)，X 轴指向瞬时春分点(也称真春分点)，Y 轴按右手坐标系取向。瞬时真天球坐标系既考虑岁差影响，又考虑章动影响，由 t 时刻对应的瞬时真北天极、瞬时真赤道、瞬时真春分点来确定。

3.5.2　岁差与章动的影响

上述坐标系的建立是基于假设地球为匀质的球体，且没有其他天体摄动力影响的理想情况，即假定地球的自转轴在空间的方向是固定的，因而春分点在天球上的位置保持不变。但是，实际上地球的形体接近于一个赤道隆起的椭球体，因此在太阳、月球和其他天体引力对地球隆起部分的作用下，地球在绕太阳运行时，自转轴的方向不再保持不变，从而使春分点在黄道上产生缓慢的西移，这种现象在天文学中称为岁差。在岁差的影响下，地球自转轴在空间绕北黄极产生缓慢的旋转(从北天极上方观察为顺时针方向,以下同),因而使北天极以同样的方式在天球上绕北黄极产生旋转。

地球自转轴在空间的方向变化,主要是由太阳、月球引力共同作用的结果,其中又以月球的引力影响最大。由于太阳较月球距离地球更远,其引力的影响仅为月球引力影响的 46%。如果月球的引力及其运行的轨道都是固定不变的,同时忽略其他行星引力的微小影响,那么太阳、月球引力的影响,仅将使北天极绕北黄极以顺时针方向画出一个圆锥,其锥角等于黄赤交角,这样使春分点以每年约 50.2″的速度在黄道上向西运行,大约 25800 年运行一整周。

在天球上,有这种运动规律的北天极通常称为瞬时平北天极,瞬时平北天极绕北黄极旋转的圆称为岁差圆(图 3.1),与之相应的天球赤道和春分点称为瞬时天球平赤道和瞬时平春分点。以瞬时平春分点和瞬时天球平赤道作为基准点和基准面建立的坐标系称为瞬时平天球坐标系。

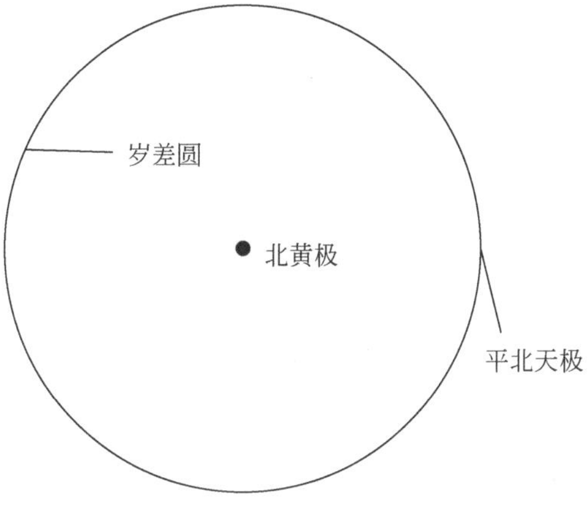

图 3.1　岁差圆的示意图

但是,在太阳和其他行星引力的影响下,月球的运行轨道以及月球与地球之间的距离都是不断变化的,因此北天极在天球上绕北黄极旋转的轨迹,实际上要复杂得多。如果把观测时的北天极称为瞬时北天极(或真北天极),那么与之相应的天球赤道和春分点称为瞬时天球赤道和瞬时春分点(或真春分点)。以瞬时春分点和瞬时天球赤道为基准点和基准面建立的坐标系就称为瞬时天球坐标系(或真天球坐标系),因此在太阳、月球引力等因素的影响下,瞬时北天极将绕瞬时平北天极产生旋转,大致成椭圆形轨迹,可以称其为章动椭圆(图 3.2),其长半径约为 9.2″,周期约为 18.6 年。

在岁差和章动的共同影响下,瞬时北天极绕北黄极旋转的轨迹,如图 3.3 所示。

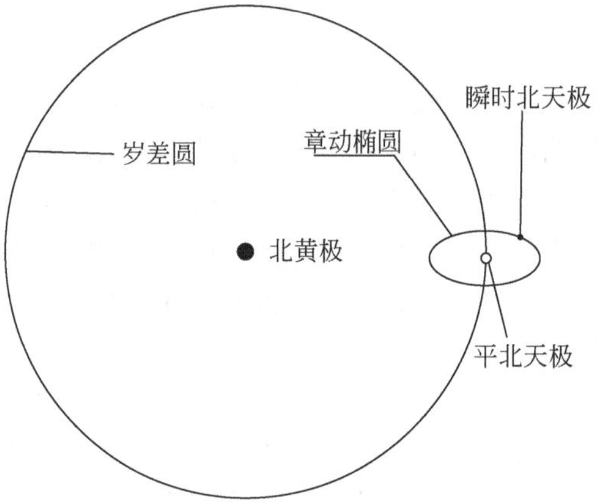

图 3.2　章动椭圆的示意图

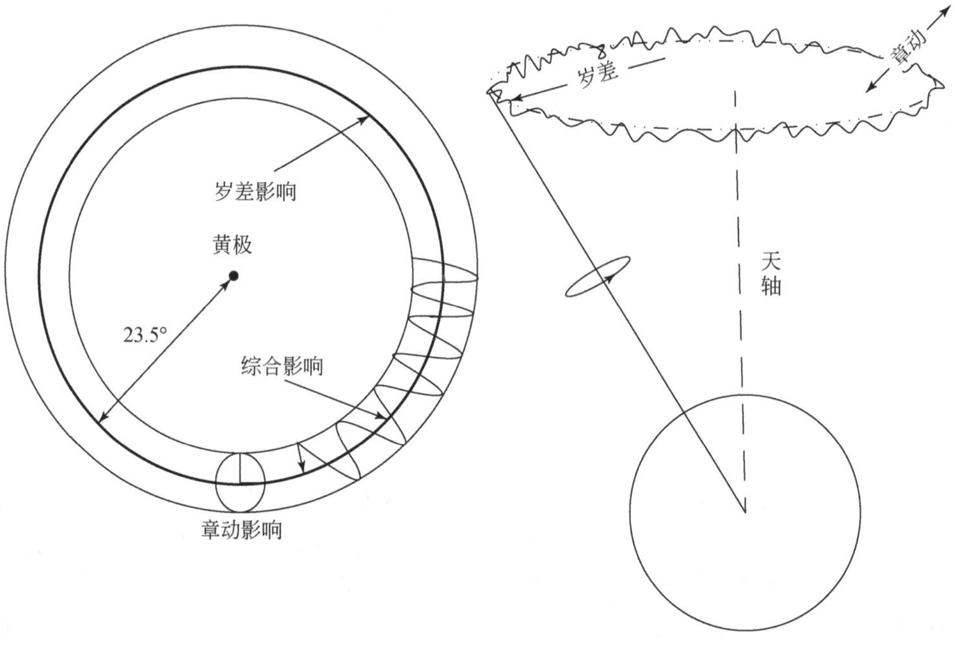

图 3.3　岁差、章动的综合影响示意图

3.5.3　协议天球坐标系的定义和转换

在岁差和章动的影响下，瞬时天球坐标系的坐标轴指向在不断地变化。在这种非惯性坐标系中，不能直接根据牛顿力学定律来研究卫星的运动规律。为了建立一个与惯性坐标系相接近的坐标系，人们通常选择某一时刻 t_0 作为标准历元，并将此时刻地球的瞬时自转轴（指向北极）和地心至瞬时春分点的方向，经该瞬时的岁差和章动改正后分别作为 Z 轴和 X 轴的指向。由此所构成的空固坐标系称为所取标准历元 t_0 的平天球坐标系或协议天球坐标系（conventional inertial system，CIS），也称为协议惯性坐标系。天体的星历通常是在该系统中表示的。国际大地测量协会和 IAU 决定，自 1984 年 1 月启用的协议天球坐标系，是以 2000 年 1 月太阳系质心力学时（barycentric dynamical time，TDB）为标准历元（标以 J2000.0）的赤道和春分点定义的。

为了将协议天球坐标系的卫星坐标转换到观测历元 t 的瞬时天球坐标系，通常分两步进行：首先将协议天球坐标系中的坐标换算到观测瞬间的平天球坐标系；然后将瞬时平天球坐标系的坐标转换到瞬时天球坐标系。其中，瞬时平天球坐标系是仅考虑岁差而略去章动影响的坐标系，是由某时刻 t 所对应的瞬时平北天极、瞬时平赤道、瞬时平春分点确定的天球坐标系；协议天球坐标系则是由国际协议规定的，以确定的特殊时刻 t_0 作为标准历元，此时刻所对应的平天球坐标系。

1. *岁差旋转变换*

协议天球坐标系与瞬时平天球坐标系的差别仅在于由岁差引起的坐标轴指向的不同。为了进行上述转换，需将协议天球坐标系的坐标轴进行旋转，即将 t_0 历元的平天极旋转至瞬时平天极的位置，相应的 t_0 历元平春分点旋转到瞬时平春分点的位置（图 3.4）。

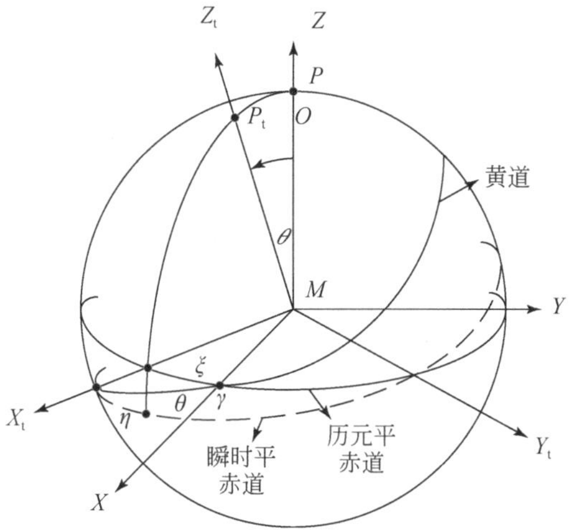

图 3.4　岁差旋转变换示意图

历元平春分点在历元平赤道上，瞬时平春分点在瞬时平赤道上，因此实现上述旋转分为三个步骤。

(1)绕 Z 轴顺时针旋转 ξ 角，经过这样的旋转使得春分点的位置由历元平春分点的位置转换为在历元平天极和瞬时平天极所构成的平面内。其旋转矩阵为

$$R_Z(-\xi)=\begin{bmatrix}\cos\xi & -\sin\xi & 0\\ \sin\xi & \cos\xi & 0\\ 0 & 0 & 1\end{bmatrix}$$

(2)绕 Y 轴逆时针旋转 θ 角，实现历元平天极到瞬时平天极的转换，其旋转矩阵为

$$R_Y(\theta)=\begin{bmatrix}\cos\theta & 0 & -\sin\theta\\ 0 & 1 & 0\\ \sin\theta & 0 & \cos\theta\end{bmatrix}$$

(3)绕 Z 轴顺时针旋转 η 角，实现两坐标系的转换。其旋转矩阵为

$$R_Z(-\eta)=\begin{bmatrix}\cos\eta & -\sin\eta & 0\\ \sin\eta & \cos\eta & 0\\ 0 & 0 & 1\end{bmatrix}$$

如果取 $(X, Y, Z)_{\mathrm{CIS}}$ 和 $(X, Y, Z)_{\mathrm{mt}}$ 分别表示协议天球坐标系和瞬时平天球坐标系，那么它们的转换关系参见式(3.6)和图3.4。

经过上述三个步骤的旋转变换，可得历元平天球坐标系到瞬时平天球坐标系的转换关系为

$$\begin{bmatrix}X\\ Y\\ Z\end{bmatrix}_{\mathrm{mt}}=R_Z(-\eta)R_Y(\theta)R_Z(-\xi)\begin{bmatrix}X\\ Y\\ Z\end{bmatrix}_{\mathrm{CIS}}=\Gamma\begin{bmatrix}X\\ Y\\ Z\end{bmatrix}_{\mathrm{CIS}} \tag{3.6}$$

式中，Γ 称为岁差旋转矩阵；ξ、θ、η 分别为与岁差有关的三个旋转角，其表达形式分别为

$$\xi=2306.2181''T+0.30188''T^2+0.017988''T^3$$
$$\theta=2004.3109''T+0.042655''T^2-0.041833''T^3$$
$$\eta=2306.2181''T+1.094688''T^2+0.018203''T^3$$

式中，$T=t-t_0$，为从标准历元 t_0 到观测历元 t 的儒略世纪数。

2. 章动旋转变换

瞬时平天球坐标系与瞬时天球坐标系的区别仍在于坐标轴的指向不同，它们之间的差别是由地球自转轴的章动现象引起的。为了实现上述转换，还需将瞬时平天球坐标系进行旋转，即将历元平天极旋转至瞬时平天极的位置，相应的瞬时平

春分点旋转到瞬时真春分点的位置，见图 3.5。

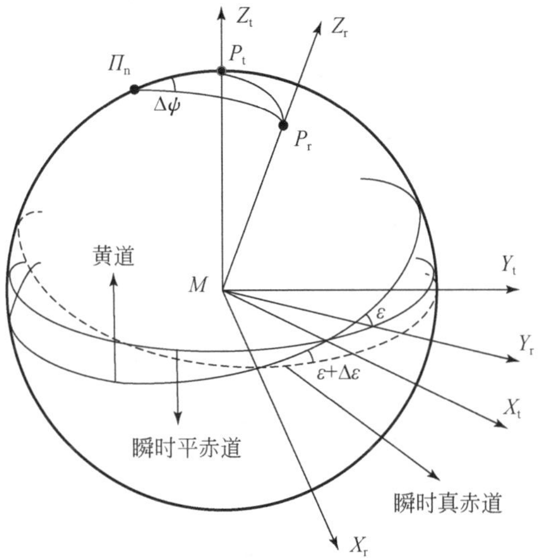

图 3.5　章动旋转变换示意图

(1)绕 X 轴逆时针旋转 ε 角，瞬时平天极旋转至瞬时真天极的位置。其旋转矩阵为

$$R_X(\varepsilon)=\begin{bmatrix}1 & 0 & 0\\ 0 & \cos\varepsilon & \sin\varepsilon\\ 0 & -\sin\varepsilon & \cos\varepsilon\end{bmatrix}$$

(2)绕 Z 轴顺时针旋转 ψ 角，其旋转矩阵为

$$R_Z(-\Delta\psi)=\begin{bmatrix}\cos\Delta\psi & -\sin\Delta\psi & 0\\ \sin\Delta\psi & \cos\Delta\psi & 0\\ 0 & 0 & 1\end{bmatrix}$$

(3)绕 X 轴顺时针旋转 $\varepsilon+\Delta\varepsilon$ 角，其旋转矩阵为

$$R_X(-\varepsilon-\Delta\varepsilon)=\begin{bmatrix}1 & 0 & 0\\ 0 & \cos(\varepsilon+\Delta\varepsilon) & \sin(\varepsilon+\Delta\varepsilon)\\ 0 & -\sin(\varepsilon+\Delta\varepsilon) & \cos(\varepsilon+\Delta\varepsilon)\end{bmatrix}$$

如果取 $(X, Y, Z)_t$ 表示瞬时真天球坐标系，那么经过上述旋转，可得由瞬时平天球坐标系到瞬时真天球坐标系的转换关系为

$$\begin{bmatrix}X\\ Y\\ Z\end{bmatrix}_t=R_X(-\varepsilon-\Delta\varepsilon)R_Z(-\Delta\psi)R_X(\varepsilon)\begin{bmatrix}X\\ Y\\ Z\end{bmatrix}_{mt}=N\begin{bmatrix}X\\ Y\\ Z\end{bmatrix}_{mt}\tag{3.7}$$

式中，N 为章动旋转矩阵；ε 为所论历元平黄赤交角；$\Delta\varepsilon$、$\Delta\psi$ 分别为黄经章动和交角章动。在章动现象的影响下，黄道与赤道的交角通常表达为

$$\varepsilon=23°26'21.448''-46.815''T-0.00059''T^2+0.00181''T^3$$

合并岁差旋转变换和章动旋转变换，即可实现由历元平天球坐标系（协议天球坐标系）到瞬时真天球坐标系的旋转变换，即

$$\begin{bmatrix}X\\Y\\Z\end{bmatrix}_{\mathrm{t}}=R_X(-\varepsilon-\Delta\varepsilon)R_Z(-\Delta\psi)R_X(\varepsilon)R_Z(-\eta)R_Y(\theta)R_Z(-\xi)\begin{bmatrix}X\\Y\\Z\end{bmatrix}_{\mathrm{CIS}}=N\Gamma\begin{bmatrix}X\\Y\\Z\end{bmatrix}_{\mathrm{CIS}} \tag{3.8}$$

综合上述分析，表 3.1 给出了三种常用天球坐标系的定义和比较。

表 3.1　三种常用天球坐标系的定义和比较

名称	要素			
	坐标系原点	Z 轴指向	X 轴指向	Y 轴指向
瞬时真天球坐标系	地球质心 M	瞬时真北天极	瞬时真春分点	右手坐标系
瞬时平天球坐标系	地球质心 M	瞬时平北天极	瞬时平春分点	右手坐标系
历元平天球坐标系	地球质心 M	历元平北天极	历元平春分点	右手坐标系

第4章 地球参考系

天球坐标系与地球自转无关，地球上任一固定点在天球坐标系中的坐标将随地球的自转而变化，显然在使用上很不方便。为了描述地面观测站的位置，有必要建立与地球体相固联的坐标系。本章主要介绍地球参考系的定义、建立以及协议地球参考架的维持等内容。

4.1 地球参考系的定义

如果地球是理想的刚体，则固定于地球的任何三轴坐标系都是合适的，地球参考系的选择将仅取决于地面用户使用的方便。但是，由于地球是一个形变体，地球各部分存在着相对运动，因此以一种理想的方式把参考系固定于地球，就成为一个十分复杂的问题。在对地球参考系进行定义时，通常先给出理想地球参考系的理论定义，再给出近似定义和协议定义。

4.1.1 理论定义

在建立一个参考系时，首先应阐明其必须服从的一个基本原理，这种理论概念就称为理想参考系。

建立地球参考系的目的之一是分离和研究地球的整体运动和局部运动。因为这两种现象是叠加在一起被观察到的，所以分离它们必须借助一个固定于地球的参考系。概念上理想的地球参考系应定义为这样一种系统：相对于它，地球只存在形变，不存在整体的旋转和平移；而它相对于惯性参考系只包含地球的整体运动(轨道运动和自转)。在理论上，通常采用严格的 Tisserand 条件来定义一个理想的地球参考框架，即相对于这个参考框架，整个地球的动能为最小。其主要特征是：相对于它，地球的线性动量和角动量为零。

设 X 和 V 分别是地球上某点质量 dm 相对于一个外部框架的位置和速度，x 和 v 分别为该点质量相对于地固框架的位置和速度，则有

$$\begin{cases} X = r_0 + x \\ V = v_0 + v + wx \end{cases} \tag{4.1}$$

式中，r_0 和 v_0 分别为地固框架原点相对于外部框架的位置和速度；w 为地球的自转角速度。

相对于地固框架，地球的动能为

$$T_e = \frac{1}{2}\int_c v^2 \mathrm{d}m \tag{4.2}$$

式中，c 为包括整个地球的积分区间。地球的线性动量和角动量分别为

$$p = \int_c v \mathrm{d}m \tag{4.3}$$

和

$$h = \int_c x v \mathrm{d}m \tag{4.4}$$

若对该地固框架采用变分表示，则有

$$\begin{cases} 0 = \delta r_0 + \delta x \\ 0 = \delta v_0 + \delta v + \delta w \times x + w \times \delta x \end{cases}$$

由此可得

$$\delta T_e = \int_c v \cdot \delta v \mathrm{d}m = -p \cdot \delta v_0 - h \cdot \delta w + p \cdot (w \times \delta r_0)$$

要使动能 T_e 最小，必有 $\delta T_e = 0$，由此必然引出 $p = h = 0$，也即

$$\begin{cases} \int_c v \mathrm{d}m = 0 \\ \int_c x v \mathrm{d}m = 0 \end{cases} \tag{4.5}$$

这就是定义理想地球参考系的 Tisserand 条件。显然，方程 $\int_c v \mathrm{d}m = 0$ 要求地球参考系的原点不能在地球内部运动，方程 $\int_c x v \mathrm{d}m = 0$ 要求地球参考系不能相对于整个地球存在整体旋转，或者整体地球不能相对于地球参考系旋转（孙付平，1994；朱新慧等，2014）。

4.1.2　近似定义

上述对地球参考系的定义采用了 Tisserand 条件，这在理论上是严格的，但实际上，由于目前还无法获知地球内部的精细运动特征，上述全球积分的理论定义难以实现。因此，基于不同的理论和假设，目前有如下两种近似定义和实现方式：

(1)固定于整体地壳的参考框架，即把地球参考框架固定于整体地壳，例如，把积分区域仅限于地壳，并进一步把式(4.5)简化成如下近似式：

$$\begin{cases} \int_D v \mathrm{d}D = 0 \\ \int_D x v \mathrm{d}D = 0 \end{cases} \tag{4.6}$$

式中，D 为整个地球表面；$\mathrm{d}D$ 为地球表面上的一个面元。显然，要使式(4.6)严格等价于式(4.5)，必须使得如下两个假设成立：①在地壳之下地球内部的物质是不动的，或其运动满足 Tisserand 条件(积分区域不包括地壳)；②地壳相对于地球内部无整体旋转和平移，地壳厚度和密度是均匀的，因此式(4.6)中不涉及质量。具体实现时可认为地壳由一组相互运动的刚性板块构成，对这些相互运动的板块施加上述约束条件(见式(4.6))，即要求所有板块无整体旋转，由此建立一个绝对板块运动模型(如 NNR-NUVEL1A)，并用于维持地球参考框架相对于地壳的稳定。这样就实现了相对于整体地壳不动的地球参考框架。

(2)固定于地球内部下地幔的参考框架认为，地球内部下地幔是不动的，把地球参考框架固定于地球内部下地幔，同时认为热点(hot spot，HS)相对下地幔也是不动的，地壳由一组相互运动的刚性板块构成，板块相对于热点的运动代表了其相对于地球参考框架的绝对运动。由热点数据建立的绝对板块运动模型(AM1-2、HS2-NUVEL1、HS3-NUVEL1A)维持的地球参考框架即认为是相对于地球内部不动的参考框架(孙付平，1994；朱新慧等，2014)。

4.1.3 协议定义

一旦给出了参考系的理论定义，要使其具体化，还必须弄清支持这种定义的物理实体。当然，选择应以这样的方式进行，即由这些物理实体构成的物理框架必须是理想阐述的最可能的近似。例如，地球表面的一系列观测台站就构成了这样的一个基本框架，可以把理想地球参考系的概念应用于这个框架，即该框架的运动和形变必须满足相对于整个地球无整体旋转和平移的约束条件。

选定了物理框架，下一步就是确定描述该框架的各参数。也就是说，采用被认为是最好的观测数据，建立该物理框架的模型。选择参数和建立模型的方式不同，会构建出不同的协议参考系，这就是参考系的协议性。对地球参考系而言，建立由地面观测台站构成的物理框架的模型，就是要确定该框架的几何构形(点坐标)和内部形变(时变模型)。为此需定义该系统的原点、尺度、空间定向和内部形变参数。这一系列参数及其确定理论与该基本物理框架一起构成了一个协议地球参考系。地球参考系有关参数、模型的采用和定义，常采用国际协议一致的方式，例如，国际地球自转服务推荐的 IERS 规范，就成为建立地球参考系的各国技术处理中心共同参照并采用的规范。

前述的理论定义只标定了地球参考系相对于地球的固定方式，实际应用中，还必须定义它的原点、尺度和定向及对其随时演变的约束条件。

CTRS 原点的定义：建立 CTRS 所基于的观测技术主要是参考地球质心的卫星动力学技术，如 GPS、SLR、LLR、星载多普勒定轨和无线电定位(Doppler orbitography and radio-positioning integrated on satellite,DORIS)等,若地球质心在地球内部固定不动,则 CTRS 原点定义在地球质心将是理想定义最严格、最准确的实现。但是,若存在地球质心运动,则这样定义只能是理想定义在一定精度上的近似实现。在厘米级水平上,这样定义是完全可以的。但在毫米级水平上,这样定义将会导致 CTRS 相对于地球的整体平移,这与理想定义是相违背的。因此,为了维持 CTRS 的稳定,引入协议地球质心的概念,即根据地球质心运动规律,在其主周期内求定一个平均地球质心位置,称为协议地球质心,使 CTRS 的坐标原点定义在协议地球质心。瞬时地球质心相对于协议地球质心的各种短期或短周期项变化可在解算测站平坐标时直接加以改正,而长期或长周期变化则与板块运动等因素一起改正。

CTRS 尺度的定义:应根据人类对客观世界的认识深度即观测技术所涉及的物理概念来定义 CTRS 的尺度。目前,广义相对论已被广泛接受,其物理模型已广泛应用于观测数据处理。因此,在广义相对论意义下定义 CTRS 的尺度应是目前最严格的。

CTRS 定向的定义:CTRS 定向的定义具有一定的任意性,既要考虑应用方便,又要保持与以前系统的定义一致,应以国际协议一致的方式来定义 CTRS 的定向。

CTRS 随时演变的定义:理论上应遵循相对于它地球无整体旋转和平移的 Tisserand 条件,关于对 CTRS 原点平移运动的约束可在一定精度水平上近似实现。例如,在厘米级水平上原点定义在质心,在毫米级水平上原点定义在协议质心。关于对 CTRS 旋转定向的约束,就是要把地球参考框架固定于地球,即定义板块绝对运动参考框架,以便相对于它确定板块速度,维持 CTRS 的稳定(孙付平,1994)。

4.2 协议地球坐标系的定义

协议地球坐标系的定义和建立既是地球动力学、物理大地测量学和空间技术的需要,也是测绘工程的需要,如导航、地理信息的应用在空间域及时间域上的要求等。在介绍天球坐标系时,人们关心的主要问题是地球自转轴在空间的指向及其变化。因为天球坐标系与地球的自转无关,所以地球自转轴相对地球体本身的变化与否并不重要。对于与地球体固联的坐标系,情况就完全不同了,这时地极点作为地球坐标系的一个重要基准点,自然希望它在地球上的位置是固定的,否则地球参考系的 Z 轴方向将有所改变,也就是说,地球赤道面和起始子午面的位置均有所改变,从而引起地球上点的坐标变化。

4.2.1　瞬时极地球坐标系

瞬时极地球坐标系(也称为真地球坐标系)采用空间直角坐标系,其坐标原点位于地球质心 M(地心坐标系),Z 轴指向瞬时地球北极(真北极),X 轴指向起始子午面与地球赤道的交点 E,Y 轴垂直于 XMZ 面并构成右手坐标系,如图 4.1 所示。

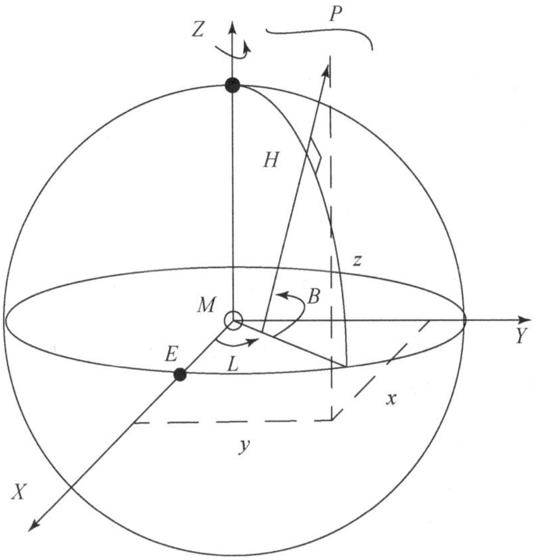

图 4.1　瞬时极地球坐标系的定义

4.2.2　协议地球坐标系

以协议地极为基准点的地球坐标系,称为协议地球坐标系。

协议地球坐标系的定义如下:

(1)原点,即地球质心。

(2)Z 轴,指向国际协议地极。

(3)X 轴,指向格林尼治子午面与平赤道的交点。

(4)Y 轴,与 X 轴、Z 轴构成右手坐标系。

与岁差、章动中地球自转轴在空间的运动不同,极移是地球自转轴在其本体内的移动,地极的这种运动既涉及地球内部复杂的地球物理过程,又与地球表面和大气层内发生的季节性气象过程有关。岁差、章动使天极在天球上的位置发生变化,而极移并不改变地球自转轴在空间的位置,却使天顶在天球上的位置发生变化。由于地球自转轴在地球本体内移动,相应的地极就称为瞬时极,地面上各点相对瞬时极随时改变。

极移的起因机制不明，可能与冰盖消融、地壳回弹、大气变化等因素有关。极移的存在导致北极位置和赤道面发生变化。

4.3 协议天球坐标系与协议地球坐标系的转换

在导航定位中，要想最终确定用户在空间的位置，必须选定相应的坐标系描述导航卫星和用户接收机的位置。由第 3 章可知，导航卫星的位置是在不随地球自转而变化的天球坐标系中表达的，而近地空间用户的位置则是在地球坐标系中表示的，因此完成导航定位解算的首要任务则是将两者所在的坐标系进行互相转换，即协议天球坐标系与协议地球坐标系之间的转换。

4.3.1 瞬时极天球坐标系和瞬时极地球坐标系

从瞬时极天球坐标系和瞬时极地球坐标系的定义可知：

(1)两坐标系的原点均位于地球的质心，但是轴系指向不同。

(2)瞬时天球坐标系的 Z 轴与瞬时地球坐标系的 Z 轴指向相同。

(3)两瞬时坐标系 X 轴的指向不同，其间夹角为春分点的格林尼治恒星时。

两坐标系的差异在于 X 轴、Y 轴的指向不同，Y 轴无自由度。如果取$(X,Y,Z)_{et}$和$(X,Y,Z)_{ct}$分别表示瞬时极地球坐标系和瞬时极天球坐标系，两 X 轴的夹角为θ_G，那么两坐标系的转换关系为式(4.7)，转换示意图见图 4.2。

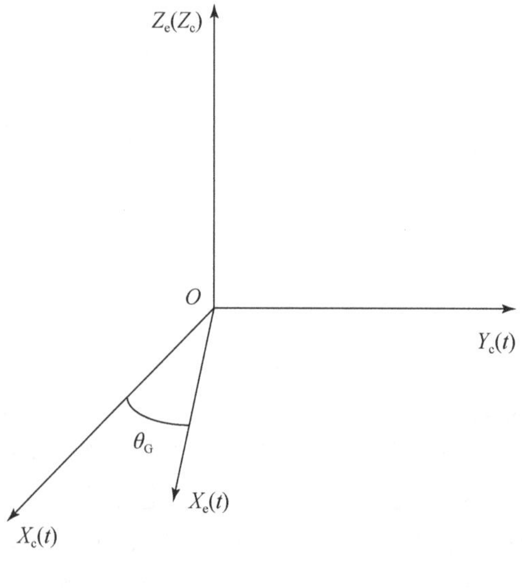

图 4.2 瞬时极天球坐标系和瞬时极地球坐标系的转换

$$\begin{bmatrix} X \\ Y \\ Z \end{bmatrix}_{et} = R_Z(\theta_G) \begin{bmatrix} X \\ Y \\ Z \end{bmatrix}_{ct} \tag{4.7}$$

式中，θ_G为对应格林尼治子午面的春分点的时角。

$$\theta_G = \theta_0 + \frac{d\theta_0}{dt} UT1 + \Delta\psi \cos\varepsilon$$

式中，$\Delta\psi$ 为黄经章动；ε 为黄道与赤道的平交角（平黄赤交角）；θ_0 为 0 点格林尼治平恒星时。

4.3.2　固定极地球坐标系和瞬时极地球坐标系

地球的瞬时自转轴在地球上随时间变化，而瞬时极地球坐标系是依瞬时地球自转轴定向的，因此该坐标系是一个变化的坐标系，使得地球上的测站坐标也在不断变化。

与天球坐标系一样，需要定义一个在地球上稳定不变的坐标系，这一坐标系应与瞬时极地球坐标系有明确的关系，以便将瞬时极地球坐标系转换为平地球坐标系。

20 世纪 60 年代，国际大地测量与地球物理联合会决定以 1900～1905.5 地球自转轴瞬时位置的平均值作为地球的固定极，称为 CIO。极移运动相当复杂，难以用解析式表示，有专门机构公布极点坐标。

协议地球坐标系又可称为固定极地球坐标系或平地球坐标系。协议地球坐标系与瞬时极地球坐标系的区别就在于一个指向协议地极的方向，另一个指向真天极的方向，两者区别则体现在二维平面上，见图 4.3，它们之间的转换关系可表述为

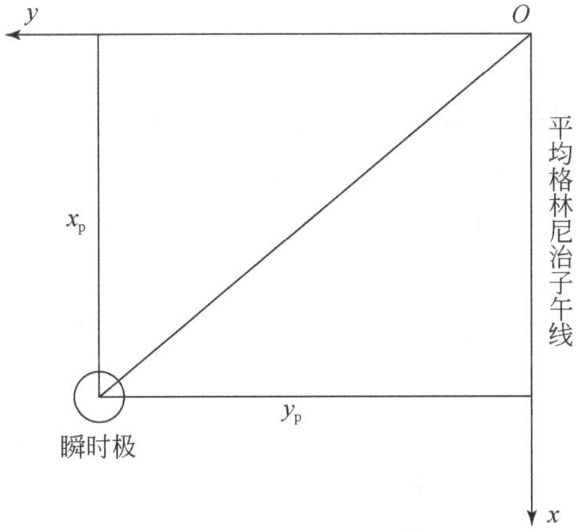

图 4.3　极移的示意图

$$\begin{bmatrix} X \\ Y \\ Z \end{bmatrix}_{\mathrm{CTS}} = R_y(-x_{\mathrm{p}})R_x(y_{\mathrm{p}}) \begin{bmatrix} X \\ Y \\ Z \end{bmatrix}_{\mathrm{et}} \tag{4.8}$$

4.3.3 协议天球坐标系和协议地球坐标系

描述导航卫星位置采用天球坐标系，而描述测站位置采用地球坐标系，因此天球坐标系和地球坐标系必须进行转换，而能够转换是因为无论采用何种坐标系，对某一描述点来说，其位置是不变的，只不过采用不同的描述方法。综合3.5.3节和本节的内容，可以得到协议天球坐标系和协议地球坐标系之间的转换关系为

$$\begin{bmatrix} X \\ Y \\ Z \end{bmatrix}_{\mathrm{CTS}} = R_y(-x_{\mathrm{p}})R_x(y_{\mathrm{p}})R_z(\mathrm{GAST})N\Gamma \begin{bmatrix} X \\ Y \\ Z \end{bmatrix}_{\mathrm{CIS}} \tag{4.9}$$

式中，Γ 为岁差旋转矩阵；N 为章动旋转矩阵；GAST为对应格林尼治子午面的春分点的时角。

以上四种坐标系，主要是解决平地球坐标系（观测站具有固定的坐标）和平天球坐标系（满足牛顿运动学定律的惯性坐标系）间的坐标转换问题。这两种都是固定极坐标系，而瞬时极坐标系则是必需的过渡。

4.4 协议地球参考框架的建立

实现一个地球参考系，就是建立一个与之相对应的地球参考框架。地球参考系从定义到实现需要以下步骤：

（1）给出理论定义和协议约定。

（2）建立地面观测台站，并用空间大地测量技术进行观测。

（3）根据对协议地球参考系的一些约定，采用国际推荐的一组模型和常数，对观测数据进行数据处理。解算出各观测台站在某一历元的站坐标，即建立一个协议地球参考框架。

（4）对于影响地面台站稳定的各种形变因素进行分析和处理，建立相应的时变模型，以维持该协议地球参考框架的稳定。

地球参考系的实现分为建立和维持两个方面，下面分别对其进行讨论。

地球参考框架是地球参考系的实现，由一系列相应地球参考系下的位置和速度精确已知的物理点组成。在这一系列相容的坐标及坐标变化中，实际上隐含了定义一个地球参考系所必需的原点、尺度、定向及其随时间的演变（孙付平，1994）。

利用空间大地测量技术实现地球参考系的基本步骤如下：

(1)建立观测台站，进行空间测量。当用于地壳形变监测和海平面监测时，参考框架的坐标精度必须达到毫米级，速度达 mm/a，并且这个精度要保持 10 年以上。随着时间的流逝，参考框架的稳定性依赖测站位置、站点分布及数量，因此稳定的陆地部分是建站的最佳区域。测站的选取可以参照 IGS 参考站的标准。一般情况下，高精度的测站位置只需要短期的观测就可以得到；但获取测站的速度必须累积半年以上的观测资料。

(2)根据协议约定，采用国际推荐的一组模型参数、常数，对观测数据进行处理，解算出测站坐标，建立协议参考框架。

(3)对影响台站稳定性的各种形变因素进行处理，建立时变模型维持其稳定。这些模型包括潮汐、大气等对重力位、点位和地球自转等的影响。

4.4.1　对 CTRF 的要求

建立协议地球参考框架(conventional terrestrial reference frame，CTRF)的观测台站，理想的情况应是全球均匀分布，但受人文和地理诸多因素的限制，上述要求不可能完全得到满足，但至少应满足如下要求：

(1)在主要板块上应有足够的台站，以提供必要的统计强度。

(2)这些台站应位于板块的稳定部分，以降低由板块的形变影响 CTRF 稳定的可能性(朱新慧，2005)。

就目前情况来看，这个要求也远未满足，许多板块上尚无或只有极少的台站，许多台站位于板块的边界形变区。人们正致力于改善这种状况。

建立 CTRF 的观测技术：应采用高精度的空间大地测量技术，如 VLBI、SLR、LLR、GPS 等。Doppler 技术在 20 世纪 80 年代以前曾被采用过，但因其精度不高，目前已不再采用。上述空间观测技术的观测精度都比较高，目前已达毫米级。

CTRF 的坐标原点：根据定义应位于整个地球(包括海洋和大气)的质量中心，这可通过卫星动力学方法(SLR、LLR)来实现。因为它们使用的历表是参考地心的，所以其站坐标也是相对于地心 CTRS 的。但是，它们所采用的历表与动力学模型有关，历表误差可能会导致 CTRF 坐标原点与地球质心不一致。

CTRF 的尺度：从概念上讲，在引力相对论意义上应是一局部地球框架的尺度。实用中 CTRF 的尺度通常是由光速 c 和地球引力常数 GM 的采用值及数据处理时采用的相对论改正模型共同确定的，因此不同的 CTRF，尺度也可能不同。

CTRF 的定向：理论上应与地球的主惯量轴一致，但因极移的存在，常采用平均自转轴作为 CTRF 的第三轴。实用中 CTRF 的三轴指向由 BIH/IERS 提供的地球自转参数(Earth rotation parameters，ERP)确定。不同的 CTRF 可能选用了不同历元的 ERP,故它们的定向也可能不同。

CTRF 的随时演变:概念上应遵循相对于它地球无整体旋转和平移的 Tisserand 条件,但因地球内部的运动情况不清楚,故不可能进行全球积分。实用中常通过采用近似遵循这个条件的绝对板块运动模型(NNR-NUVEL1A 或 HS3-NUVEL1A)来满足这一要求,也可采用离散的 Tisserand 条件。

CTRF 地球物理方面的要求:应与一些地球物理量相联系。例如,当确定重力场球谐系数值时,所用的参考框架是与地球平均特征轴相连接的,该框架也应简单地与 CIS 和 CTRS 相联系,这种联系通常是通过卫星动力学技术来实现的(孙付平,1994)。

4.4.2 综合多种技术建立协议地球参考框架

关于各种技术单独建立的 CTRF,前面进行了较详细的介绍。它们的建立一般采用该技术的观测数据和有关的模型、常数,根据各自对参考框架原点、尺度和定向的一些约定,经过复杂的数据处理来完成。然而因各种技术自身的局限性,它们所建立的 CTRF 远不是最优的。例如,VLBI 地球参考框架(VLBI terrestrial reference frame,VTRF)不是真正地心系,SLR 地球参考框架(SLR terrestrial reference frame,STRF)不能与一个理想的射电源天球参考框架相联系,LLR 地球参考框架(LLR terrestrial reference frame,LTRF)台站太少,GNSS 参考框架的地心位置精度不高,各种技术观测台站在全球分布不一致,各框架之间存在着系统差等。因此,综合各种技术的优点建立一个全球最优的 CTRF 是必要的,也是可能的。这项工作在 1988 年以前由 BIH 负责,其所建立的 CTRF 为 BTS 序列(BTS84-87)。自 1988 年开始,这项工作改由新成立的国际地球自转服务机构负责,其所建立的 CTRF 为 ITRF 序列(ITRF88-ITRF2014)。

综合多种技术建立协议地球参考框架的步骤如下。

1. 历元的统一

由于各分析中心提交的 CTRF 站坐标组的历元和其所采用的运动模型可能是不同的,在综合处理以前,必须先根据各 CTRF 所采用的运动模型把它们归算到同一历元,归算可采用以下方式进行。

若所采用的运动模型是某个绝对板块运动模型,如 NNR-NUVEL1,则从历元 t_0 到历元 t 的坐标归算为

$$\begin{bmatrix} X(t) \\ Y(t) \\ Z(t) \end{bmatrix} = \begin{bmatrix} X(t_0) \\ Y(t_0) \\ Z(t_0) \end{bmatrix} + K \begin{bmatrix} O & -\Omega_Z & \Omega_Y \\ \Omega_Z & O & -\Omega_X \\ \Omega_Y & \Omega_X & O \end{bmatrix} \begin{bmatrix} X(t_0) \\ Y(t_0) \\ Z(t_0) \end{bmatrix} (t-t_0) \tag{4.10}$$

若所采用的运动模型直接是台站的运动速度场，则从历元 t_0 到历元 t 的坐标归算为

$$\begin{bmatrix} X(t) \\ Y(t) \\ Z(t) \end{bmatrix} = \begin{bmatrix} X(t_0) \\ Y(t_0) \\ Z(t_0) \end{bmatrix} + \begin{bmatrix} V_X(t-t_0) \\ V_Y(t-t_0) \\ V_Z(t-t_0) \end{bmatrix} \tag{4.11}$$

2. 对新 CTRF 坐标原点的约定

关于 CTRS 的定义，其原点应位于整个地球的质量中心。SLR 和 LLR 是动力学技术，能以较高精度确定地球质心。因此，一般新 CTRF 的坐标原点由这两种技术确定。采用的方法是使参加平差的某个分析中心[如得克萨斯大学空间分析中心(Center for Space Research-University of Texas at Austin，CSR)]的 STRF 的平移参数为零，或使参加平差的几个分析中心的 STRF 和 LTRF 的平移参数的加权和为零，即

$$\sum W_i \cdot \delta^i = 0 \tag{4.12}$$

式中，W_i 为第 i 个 SSC 的权值，通过选择可使新 CTRF 的原点定义在几种动力学技术确定的地球质心。

3. 对新 CTRF 坐标尺度的约定

关于 CTRF 坐标的尺度，在建立过程中是由各分析中心采用的光速 c、地球引力常数 GM 以及某种相对论改正模型来确定的。上述数值和模型不同，各 SSC 的尺度也就不同。不过目前各分析中心一般采用 IERS 规范的推荐值，因此各 SSC 的尺度差不大。新的 CTRF 的尺度一般是选用某个 STRF(如 CSR 提供的 STRF)的尺度，也可采用多个 STRF、LTRF，甚至 VTRF 的带权平均，平差采用的约束条件同式(4.12)。

4. 对新 CTRF 坐标定向的约定

关于新建 CTRF 坐标的定向，若无特殊约定，则由平差中解算出的 ERP 确定。一般事先确定了新 CTRF 的定向参数，如 BIH/IERS 所建立的 BTS/ITRF 序列的定向都是由 BIH 在 1984.0 历元的定向参数中确定的。

5. CTRF 速度场的建立

20 世纪 80 年代后期，随着 CTRF 实现精度的提高，人们在进行数据处理时已开始考虑因板块运动引起的台站漂移。从 BTS86-ITRF90 开始，各分析中心采用的板块运动模型不尽相同，但 BIH/IERS 建立的 BTS/ITRF 都是采用 AM0-2 模

型。从 ITRF91 开始，有些分析中心不仅采用了新的板块运动模型 NNR-NUVEL1，而且给出了具有较长观测历史的台站的实测站速度。因此，对于具有实测站速度的台站，ITRF91 速度场采用实测站速度，而对于尚无实测站速度的台站，采用新的 NNR-NUVEL1 模型给出其实测站速度。

ITRF92 速度场与 ITRF91 速度场类似。对于位于板块内部稳定区且具有实测站速度的台站，ITRF92 速度场采用实测速度（各分析中心提供的结果）与 NNR-NUVEL1 模型估计值（标准误差取为 3m/a）联合平差得到的估计站速度。对于位于形变区且具有实测站速度的台站，联合平差时把 NNR-NUVEL1 模型估计值的权值降低（标准误差取为 10cm/a）。对于无实测站速度的台站，仍采用 NNR-NUVEL1 模型估计值。

联合平差的方法，完全类似于前述求解新 CTRF 站坐标的方法，即把各分析中心提供的站速度组（set of station velocity，SSV）作为输入数据，采用一定的平差原则和方法，求解出新 CTRF 的 SSV 以及与其他 SSV 的转换参数。

4.5 协议地球参考框架的维持

4.5.1 地面点位的综合表示

在理想的参考框架中，基本参考点的坐标应是固定的，或以一种理论上模型化了的方式运动。地球不是刚体，地球表面和内部存在着运动和形变。如果能把这些运动和形变对点位坐标的影响精确地加以模拟并改正，就可以建立并维持一个理想的地球参考框架。但是，因地球上发生的运动和形变十分复杂，只能在一定量级上对一些影响较大且有规律的因素加以模拟并改正，从而建立并维持一个达到一定精度的地球参考框架（孙付平，1994；朱新慧等，2014）。

考虑到各种地球动力学因素的影响，位于固体地球表面一点的瞬时位置可表示为

$$\begin{cases} X(t) = X_0(t_0) + \dot{X}_0(t - t_0) + \sum_k \Delta X_k(t) \\ \dot{X}_0 = V_p + V_r + V_i \end{cases} \tag{4.13}$$

式中，$X_0(t_0)$和 $\dot{X}_0$分别为该地面点在 t_0历元的平位置和速度；ΔX_k为对各种短期或短周期时变影响的改正，属于非线性运动，一般通过理论或者经验模型给出；速度 $\dot{X}_0$ 是由一些长期时变因素引起的变化；V_p为由板块运动引起的点位变化速度，主要沿水平方向；V_r为主要由地壳构造形变引起的点位的变化速度；V_i为由冰后回弹等因素引起的地面点长期或长周期的变化，主要沿垂直方向。

4.5.2　板块运动的影响和改正

板块构造学说认为，地球表面岩石圈由十几个板块构成，由于地幔对流的作用，这些板块之间存在着相对运动，运动的量级是1～10cm/a。目前，VLBI 和 SLR 等实测技术已经证实这种运动的存在，并且实测的板块运动与由地质记录和其他地球物理信息导出的最近几百万年内平均的板块运动基本一致。当板块运动时，地面台站的相对位置将发生变化，使 CTRF 产生变形。为维持 CTRF 的稳定，必须采用适当的板块运动模型对其影响加以改正。目前，完整的板块运动模型仍是由地球物理资料导出的，用实测资料建立现时板块运动模型的工作尚在进行之中。板块运动模型给出了各板块的运动角速度矢量(或称为欧拉矢量)。对于某个板块上的一点，若其点位坐标是(X,Y,Z)，则该点的运动速度为

$$\begin{bmatrix} V_X \\ V_Y \\ V_Z \end{bmatrix} = \begin{bmatrix} O & -\Omega_Z & \Omega_Y \\ \Omega_Z & O & -\Omega_X \\ -\Omega_Y & \Omega_X & O \end{bmatrix} \begin{bmatrix} X \\ Y \\ Z \end{bmatrix} \tag{4.14}$$

4.5.3　局部地壳形变的影响和改正

在研究大尺度板块运动、建立全球板块运动模型时，常把板块作为刚体处理。尽管在全球尺度上这样做是合理的，但对于局部问题却不能这样处理。实际上板块并不是纯粹的刚体，在它的边界及内部某些地区都存在形变。位于形变地区的台站将不完全随整个板块一起运动，而是存在附加运动。这种现象已被一些位于板块边界或内部形变区台站的实测结果所证实。这种形变一般是由构造因素引起的中长期变化，可通过对形变地区的实际观测和构造学分析建立该地区的地壳形变模型，从而对 CTRF 中位于该地区的台站进行附加改正；或者与目前 IERS 的处理方式一样，通过实测求得台站的站速度，这是板块运动、局部形变及冰后回弹等长期运动的总体反映，直接用这个站速度对台站坐标进行改正。然而，这种方法仅适用于有长期观测积累的台站，而对于观测积累较少的台站，要进行精确的改正，仍需要建立局部地壳形变模型。

4.5.4　冰后回弹的影响

1. 冰后回弹

在整个地球历史时期，地球表面的气候曾出现剧烈的变化。一般来说，在地球系统中任何特定气候变化的主要起因都与时间尺度密切相关。在所有这些变化中，最慢的是大陆漂移导致的气候变化，它在根本上与地幔对流过程有关。在最短

的时间尺度内，大多数气候变化都起因于大气-海洋系统的构成和动力学变化。在几千年到几十万年的中等时间尺度内，已得到地球表面气候剧烈变化的明显证据，这种变化从根本上是起因于地球系统之外的影响。例如，在更新世内（最近2400万年内），地球绕太阳的公转轨道的几何形状随时间的变化曾导致地球气候的多次剧烈变化，地球上出现的几次冰川期就是最好的例证。人们已弄清在这期间大陆的冰体积与这种轨道摄动有极好的相关性。

在气候寒冷时，地球上曾出现过多次冰川期。在冰川期内，巨大冰川的负载作用使得地壳做均衡调整，以达到某种平衡。随着气候变暖和人类活动的加剧，冰川开始融化，融化后的冰水同时流入海洋，并且以保持海洋表面为等位面的方式再分布。冰川的卸载和海洋盆地的加载，将会引起地球内部的动力学调整而导致地球表面的引力位变化，这种地球引力位变化将导致地壳区域性上升或沉降的现象，就是冰后回弹。虽然巨大的大陆冰盖在距今5000多年前已经基本融化完毕，但由于地幔的高均值黏弹性，固体地球仍继续回弹以响应冰川的消退。

在第四纪冰期，大西洋北部斯堪的纳维亚地区及北美的哈得孙湾地区被很厚的冰雪覆盖，后来由于巨大北极冰川的融化，因地球的均衡补偿作用，目前一直在进行着冰后的回升。历史资料表明，地球上最显著的冰后回弹区是北欧和北美的加拿大地区(Hambrey et al.,2004)。据测定，最初斯堪的纳维亚地区以10m/Ma的速率抬升，自10000年前冰川消融，斯堪的纳维亚地区已经抬升250m，目前仍以每年1cm的速度抬升；自15000年前冰川消融，哈得孙湾地区抬升了300m，目前这一地区仍以每年2cm的速度抬升。甚至有学者估计，斯堪的纳维亚可能冰后抬升了近850m。这些曾经是北极冰川形成的大面积的冰后回弹，说明这些地区在北极冰川形成时，曾经受巨大冰川的作用，由地球的均衡补偿作用而下沉，而下沉的量肯定要大于现在回升的量。

当像南极冰川、新元古宙冰川等不同大小的冰川形成时，将造成固体地球体积不同大小的膨胀[图4.4(a)～(c)]。若这些冰川因地球升温而消融，原冰川形成区，又将像今天的北欧斯堪的纳维亚地区和北美哈得孙湾地区一样，反弹性上升，即产生冰后回弹，最终该处达到重力均衡[图4.4(c)和(d)]。这样，固体地球又将从膨胀状态(大体积)[图4.4(c)]变为正常状态(小体积)[图4.4(d)]，也即固体地球体积又将收缩[图4.4(c)和(d)]。

因此，冰川每形成或消融一次，固体地球将膨胀[图4.4(a)～(c)]和收缩[图4.4(c)和(d)]一次，即脉动一次[图4.4(a)～(d)]。冰川多次形成和消融，固体地球的体积将多次膨胀和收缩。其实，一次大的冰川期是由大大小小不同级别的很多小的冰川期组合而成的，即每一次大冰川的形成，又伴随多个次一级的冰川形成和消融的变化(Hambrey et al.,2004)。这些次一级的冰川形成和消融，同样

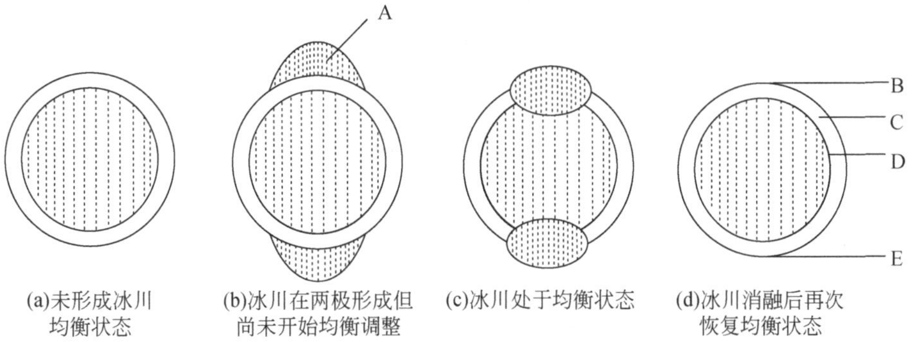

图4.4　冰川形成和消融对固体地球体积和表面积的影响(通过两极的剖面图)(廖永岩,2007)
A. 冰川;B. 北极;C. 水圈;D. 固体地球;E. 南极

会造成地球次一级的膨胀和收缩。这就说明,每一次大的冰川形成和消融导致的固体地球体积的膨胀和收缩,又将包含多个次一级的固体地球的膨胀和收缩。地球演化历史上,虽然人类已知的大的冰川期的数目不是太多,但因为每一次大的冰川期,都包含无数个小的冰川期波动,所以地球演化历史上将会有无数个大大小小的冰川期,也会有无数个大大小小的冰川形成或消融的变化。因此,地球演化的历史上,固体地球将要经历无数次大大小小的膨胀和收缩(廖永岩,2007)。要维持亚厘米级、毫米级地球参考框架的稳定,冰后回弹的影响是不容忽视的。

2. 冰后回弹模型

如前所述,在地球气候寒冷时,将形成多处巨大的冰川,随着气候变暖,冰川开始融化。在冰川消融后,融化后的冰水同时流入海洋,并且以保持海洋表面为等位面的方式再分布。然而,融冰加入海洋仅是冰融事件引起的两种响应之一。另一种响应是由冰川的卸载和海洋盆地的加载引起的地球内部的动力学调整而导致的地球表面的引力位变化。这种地球引力变化将导致地壳区域性上升或沉降,而这种地壳区域性上升或沉降是可以用某种模型进行估计。地球物理学家根据冰期后地壳相对海平面变化的地球物理估计,并考虑地球内部的黏弹性结构,经过复杂的计算建立了冰川消退-地壳回弹模型,如ICE-3G(Tushingham et al.,1991)、ICE-4G (VM2)(Peltier,2002)、ICE-5G (VM2)(Peltier,2004)和ICE-6G_C(VM5a)(Argus et al.,2014)等ICE系列模型。

要估计地球对全球冰融事件的响应,全球冰期均衡调整和相对海平面变化的理论模型是必需的。关于冰期均衡调整过程的数学结构的理论模型,现今已得到了广泛应用,这个理论的最初形式则是相对海平面变化的历史函数,该函数假设已

知冰川形成和冰川消融的历史,通常用海平面变化方程表示:

$$S(\theta,\lambda,t)=C(\theta,\lambda,t)\left[\int_{-\infty}^{1}\mathrm{d}t'\int_{\Omega}\int\mathrm{d}\Omega' L(\theta',\lambda',t')G^{L}(\gamma,t-t')+\frac{\Delta\Phi(t)}{g}\right] \tag{4.15}$$

式中,$S(\theta,\lambda,t)$为相对于固体地球表面一点(纬度 θ 和经度 λ)海平面随时间 t 变化的历史;$C(\theta,\lambda,t)$为海洋函数,即在海洋处一致而陆地处为零。式(4.15)中的函数 L 是单位面积下地球表面的质量负载函数,有如下的综合表达形式:

$$L(\theta,\lambda,t)=\rho_{\mathrm{I}}I(\theta,\lambda,t)+\rho_{\mathrm{w}}S(\theta,\lambda,t) \tag{4.16}$$

式中,ρ_{I}和 ρ_{w}分别为冰和水的密度;I 为随时空变化的冰川的厚度。$S(\theta,\lambda,t)$在方程(4.15)中是一个三维的卷积积分方程,而三维卷积积分的核心是格林函数:

$$G^{L}(\gamma,t)=\frac{a}{m_{\mathrm{e}}}\sum_{\ell=0}^{\infty}\left[1+k_{\ell}^{L}(t)-h_{\ell}^{L}(t)\right]P_{\ell}(\cos\gamma) \tag{4.17}$$

式(4.17)是随时间变化的黏弹性的格林函数,该函数在海平面(经典大地测量中的大地水准面)和固体地球表面处分开。函数中的幅角 γ 是源点和域点之间的角距,a 和 m_{e} 分别为地球的平均半径和质量;P_{ℓ} 为传统的勒让德多项式;k_{ℓ} 和 h_{ℓ} 为随时间变化的持续弹性表面负载勒夫数。式(4.15)中的最后一项 $\Delta\Phi(t)$是完全随时间变化的函数,即冰融化后水的质量,将式(4.15)乘以 ρ_{w}并在海洋表面积分后得到 $\Delta\Phi(t)$的表达式:

$$\frac{\Delta\Phi(t)}{g}=-\frac{M_{\mathrm{I}}(t)}{\rho_{\mathrm{w}}A(t)}-\frac{1}{A(t)}\langle\chi\rangle \tag{4.18}$$

式中,$M_{\mathrm{I}}(t)$为随时间变化的冰盖融化后质量的消失;$A(t)$为随时间变化的海洋表面的面积;$\langle\chi\rangle$为在式(4.15)中三维卷积分在海洋表面区域的积分。式(4.15)中的输入量包含假定已知的冰川形成的历史 $I(\theta,\lambda,t)$,还有假定已知的由随时间变化的黏弹性勒夫数 $k_{\ell}^{L}(t)$和 $h_{\ell}^{L}(t)$决定的地球半径的黏弹性结构。

通过上述模型和函数,以引力自洽的方式处理冰川-海洋-固体地球的相互作用,可得到冰期后相对海平面变化的地球物理估计。以此为基础,Peltier(2004)导出了一个新的全球冰川消退-地壳回弹模型 ICE-5G(VM2)。

新的冰后回弹模型 ICE-5G(VM2)与之前的 ICE-4G(VM2)有以下不同:首先,ICE-5G(VM2)模型包含了更多的陆地冰盖的质量,主要是增加了哈德孙湾外侧厚重的冰质量,与 VLBI 和重力观测结果相一致。这种网络增加的方式是从地理上获得的,通过海平面变化由单个区域到网络的兴起这种方式展现出来。很明显,其主要效果就是对北美的冰的联合体进行重组。在以前的模型 ICE-4G(VM2)中,海平面上升近似为 120m,而模型 ICE-5G(VM2)中,海平面上升近似为 125m,与以前的估计一致(Peltier,2002)。

对于距今最近的一次极大冰川的陆地-冰的分布状态,ICE-5G(VM2)模型有一个重要的应用，就是提供了地形表面（也包含陆地-海洋的分布）和星体反照率需要的边界条件，星体反照率就是利用现代连接的大气-海洋系统的冰模型对极大冰川气候的重建改造。可以预见，被推断在哈德孙湾的西部存在的对于前寒武纪系岩系的圆顶厚冰盖的影响，重置风暴路径使得中纬度带的急流偏向南部，将会对陆地上向西的空气气流有较大的影响，影响的量级正在研究中。

对于 ICE-5G(VM2)模型，另外同等重要的应用就是对重力场恢复与气候实验(gravity recovery and climate experiment，GRACE)卫星系统的数据分析。GRACE 是 2002 年部署的重力探测卫星，其主要目标是提供高精度地球重力场及其随时间的变化。对于随时间变化的冰川均衡调整(glacial isostatic adjustment，GIA)的过程，将从观测的长期变化中去除，将这种过程归因于现代气候的变化。正在进行的由小冰盖和冰河的融化导致的全球海平面的上升、海洋的热膨胀以及南北极或某一个极存在的较大的极冰盖，这些都会影响长期的气候相关变化的残余。因此，或许可以把 GIA 过程的全球模型定义为一个滤波器应用于 GRACE 数据。图 4.5 给出了这种形势下两个模型 ICE-4G 和 ICE-5G 之间滤波器的不同，图中显示的是墨卡托投影，以便于比较两个模型在两极处的不同。虽然 GIA 过滤器总体的形式保持相同，但是大地水准面高度随时间的变化率在两个模型下的不同是很有意义的，尤其对于北美陆地和格陵兰岛，两个模型之间的变化尤其重要。GRACE 的观测量对精化 ICE-5G(VM2)模型有较强的促进作用，不仅包含地幔的黏弹性部分，还包含冰川消失的历史部分。随着人们对地球动力学和气候过程理解的加深，高质量的数据即将来临，对地学模型以及相关问题的分析也会更加深入(朱新慧等，2014)。

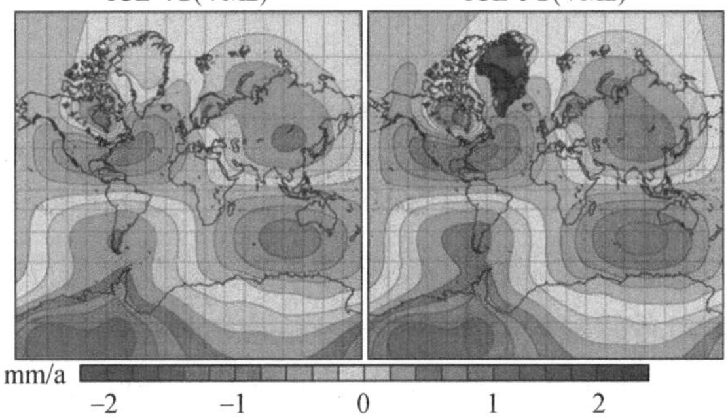

图 4.5　地学模型 ICE-4G(VM2)和 ICE-5G(VM2)估计的现今大地水准面高度(Peltier，2004)

ICE 系列的最新模型为 ICE-6G_C(VM5a)，通过对其前身 ICE-5G(VM2)进行修正和约束，以适应目前所有可获得的地质和大地测量观测资料。该模型在北美地区与冰后回弹的观测资料符合较好，在南极部分则是与南极地区的 GPS 数据、冰厚度的 C^{14} 暴露测年以及相对海平面的历史数据等资料相一致（Argus et al., 2014；马超等，2016）。

4.5.5　海洋负载潮汐形变

受太阳和月球的引力作用，实际的海平面相对于平均海平面具有周期性的潮汐变化，这种变化称为海潮。地壳对海潮引起的海水质量再分布所产生的弹性响应通常称为海洋负荷潮。海洋负荷潮使地面点产生位移，这种影响比固体潮小，而且不像固体潮那样具有规律性，它引起的台站位移可达厘米量级，因此必须加以改正。

海洋负荷潮引起的台站位移改正是分潮波计算的。由各潮波的海潮图和格林函数计算得到一测站对应的潮波径向、东西向和南北向的幅度和相对于格林尼治子午线的相位滞后，最后的改正为各潮波的叠加：

$$\Delta r_{\mathrm{LOC}} = i\sum_{i=1}^{N}\begin{bmatrix} A_i^{\mathrm{R}} & \cos(\omega_i t' + \Phi_i - \delta_i^{\mathrm{R}}) \\ A_i^{\mathrm{EW}} & \cos(\omega_i t' + \Phi_i - \delta_i^{\mathrm{EW}}) \\ A_i^{\mathrm{NS}} & \cos(\omega_i t' + \Phi_i - \delta_i^{\mathrm{NS}}) \end{bmatrix} \tag{4.19}$$

4.5.6　大气负载形变

大气气压分布随时间的变化也会导致地壳形变。有学者曾估计大气负载潮对 VLBI 基线的影响，结论是它将使基线产生毫米量级的季节性变化。目前，人们对大气负载影响的认识还不太全面，只给出了它引起台站径向位移变化的一个简化表达式，且只与台站瞬时气压以及周围半径 2000km 圆形区域内的平均气压有关。这一径向位移为（单位：mm）

$$U_{\mathrm{R}} = -0.35P - 0.55\overline{P} \tag{4.20}$$

式中，P 为台站所在地气压异常；$\overline{P}$ 为周围 200km 圆形区域内的平均压力异常，均以 mPa 为单位。这个位移的参考点是标准大气压（1013mPa）下的台站位置。

4.5.7　极潮引起的地壳形变

极潮是指地壳对自转轴指向漂移的弹性响应。地极移动将引起地球自转离心力位的变化，从而导致地壳形变。极潮引起的台站位移取决于观测瞬间自转轴与地壳的交点，故随时间不同。由极潮引起的最大径向位移每年约 25mm，水平位移每年约 7mm，与测站位置（X_{p}，Y_{p}）有关。极潮位移可由下式计算：

$$\begin{cases} S_r = -32\sin(2\theta)(X_{\mathrm{p}}\cos\lambda - Y_{\mathrm{p}}\sin\lambda) \\ S_\theta = -9\cos(2\theta)(X_{\mathrm{p}}\cos\lambda - Y_{\mathrm{p}}\sin\lambda) \\ S_\lambda = 9\cos\theta(X_{\mathrm{p}}\sin\lambda + Y_{\mathrm{p}}\cos\lambda) \end{cases} \tag{4.21}$$

4.5.8　各种地面沉降

地面沉降又称为地面下沉或地陷，是指在一定的地表面积内所发生的地面水平面降低的现象，是一种不可补偿的永久性环境和资源损失，造成地面沿垂直方向有 1～10mm/a 的变化。地面沉降发生的原因大致可以分为两大类：一是地质原因，如地质构造作用导致地面凹陷而发生的沉降、地震导致地面的沉降等；二是人为原因，如人类过度开采地下水与地热等资源、地表荷载等都会加速地面的沉降。

地面沉降的大面积发生，使许多城市的道路桥梁、地下管线等市政设施遭到破坏，地面塌陷、楼房裂缝、各种监测基准点偏差，直接影响到城市设施和城市的建设。因此，对地面沉降进行监测非常必要。地面沉降监测的方法从早期的水准测量方法，发展到现今的空间大地测量方法，与观测技术的进步是分不开的。

地面沉降的水准观测传统上采用重复水准测量方法。早期的 GPS 沉降观测由于观测中要削弱诸多误差源的影响，其应用远远没有发挥作用。在 GPS 得到广泛应用的今天，以基岩标、分层标、GPS 和地下水动态监测构成的地面监测网已成为地面沉降监测的主要手段，例如，有学者在尽量提高 GPS 垂向处理精度的前提下，将 GPS 的 CORS 应用于天津市的地面沉降监测（董克刚等，2008）。差分干涉雷达技术则是在干涉合成孔径雷达（interferometric synthetic aperture radar，InSAR）技术基础上发展起来的，这是一种可以用来检测地面微小运动的新技术，可用于地面沉降监测，其理论精度可以达到厘米级，甚至毫米级，具有极大的应用潜力。地面沉降监测也可采用精密水准的方法来实现，但是工作量较大，例如在满足设计要求精度的前提下，山东省鲁南地质工程勘察院使用瑞士生产的徕卡电子水准仪 LeicaNA3003（S05 型，0.4mm/km）进行了观测，在济宁市、菏泽市两城区地面沉降监测项目中取得了较好的效果（缪德都等，2008）。

能够利用一定的技术对地面沉降进行监测，并能够利用监测的数据对该区域未来的发展和趋势做出预测，从而对城市建设和管理等起到指导作用，这是对地面沉降进行研究的最终目的。目前，地面沉降的预测方法很多，基本可分为两类：一是机理分析法，即基于地面沉降形成机制，建立数学模型，采用数值法或解析法预测未来地面沉降；二是数理统计方法，即根据实际观测数据预测后期沉降量，目前此方法应用相当广泛，主要有曲线拟合法、时间序列法、灰色理论法、神经网络法、泊松曲线及马尔可夫模型等。例如，有学者结合马尔可夫模型及灰色系统的特点，探索并建立灰色-马尔可夫模型，利用天津市滨海新区某监测点的地面沉降观测值和 1985～2005 年地面沉降的拟合值，对地面沉降波动较大的时间数列进行预测，最后给出了 2006～2010 年的地面沉降预测，具有一定的实际意义（邵传青等，2008）。

国内目前对地面沉降的监测和预测大都是对某一地区或某一城市进行监测和预估的，虽然地面沉降的发生大都是区域性的，但如果能在各区域监测数据的基础上，建立全国地面沉降的预估模型，那么对我国甚至全球整体参考框架的建立和精化将会起到关键作用。

4.5.9 突发性地壳形变

在研究全球板块运动特征建立全球板块运动模型时，通常假定板块是刚性的。但是实际上板块并不是纯粹的刚体。由于板块间的相互作用，在板块边界基本上存在着宽度不等的形变带；在板块内部一些薄弱地区，板块内部应力的积累也会引起这些地区的形变。地震是板块边界或内部应力积累的结果，应力积累达到一定限度，地壳将因无法承受这种应力而产生断裂或错动，从而导致地震。地震、火山喷发等属于突发性事件，难以预测，更不易利用模型进行分析。震前和震后，震区附近的点位将发生明显的变化。

对这种构造形变的研究，传统的地球物理方法只能给出定性分析，难以给出定量描述，而空间大地测量技术则能给这种形变以精确的定量描述。对于这种突发性地壳形变，一般是震后重新测定这些点的坐标，并在 CTRF 中采用新值。目前，利用空间大地测量技术已经监测了一些著名形变区的构造形变，如美国西部圣安地列斯断层区和地中海形变区，其测量精度已优于 5mm/a。

4.5.10 地球质心运动的影响和改正

地球质心是指整个地球(包括海洋和大气)的质量中心，是唯一的。地球质心的运动有两种：一种是地球质心在空间的运动，如地球质心绕太阳的公转运动；另一种是地球质心在固体地球内部的运动，是由地球内部质量分布变化引起的。整个地球(包括海洋和大气)是一个封闭的保守系统，由于动量守恒，理论上地球内部质量分布变化不会影响地球质心在空间的运动，而只会导致地球质心在固体地球内部的位置发生变动。目前，国内外研究的热点是后一种地球质心运动。下面给出地球质心运动的概念和定义、地球质心的长期运动及其产生的影响。

1. 地球质心运动的概念和定义

在地球物理研究中，地球被分为外部圈层和内部圈层。外部圈层包含大气圈、水圈和生物圈；内部圈层包含地壳、地幔和地核。由于各种动力学作用，地球各圈层的质量分布发生变化，地核也存在着对流和振荡引起的质量分布变化。地球内部的这种质量再分布必然会引起地球质心相对于地壳的变化。

地球质心由整个地球(包括海洋和大气)的质量分布所决定，也是地球卫星绕其旋转的动力学中心，而跟踪卫星的地面观测站位于固体地球的表面，因此地面跟踪网的几何中心并不必然与地球质心一致，两点之间偏置的变化可以反映出地球质心的运动，其中包括由各种类型质量再分布引起的质心运动，是一种很复杂的运动(孙付平，1994)。

地球上任何一种运动都是相对的，地球质心运动也不例外。要精确地描述和测定地球质心运动，必须明确其参考基准，给出其精确的定义。直接将地球质心运动定义为地球质心在固体地球内部的运动显然太笼统。将地球质心运动定义为地球质心与地面跟踪网的几何中心偏置的变化也不确切，因为地面跟踪网的几何中心是未知的和变化的(由于板块运动、冰后回弹等因素的影响)，所以两者之间的偏置也就难以测定。

目前关于地球质心运动的定义，国际上并无统一的说法。大部分学者认为地球质心运动是地球质心相对于地球参考框架原点的运动，因地球参考框架的协议性，不同技术、不同分析中心都可建立自己的地球参考框架，且其原点随历元而变，这种定义显然不明确。也有部分学者定义地球质心运动为地球形状中心相对于地球质量中心的运动。作者认为，地球形状中心实质上就是地面跟踪网的几何中心，这个中心是不确定的，因此这种定义是不严格的。

目前，卫星大地测量技术已能以亚厘米级、毫米级精度确定地球质心位置，不同时间历元确定的地球质心位置是不同的，通过比较不同时间历元地球质心位置的变化就可以确定和描述地球质心运动，当然，这种比较必须在同一个地球参考框架中进行。根据 IERS 对地球参考系的定义，其原点被定义在固体地球、大气和海洋的共同质量中心。在建立地球参考框架时，使采用的地球重力场模型的三个一阶系数为零即可实现该定义。此时，地球参考框架的原点即为该历元的地球质心位置，不妨称其为历元地球质心。在确定地球质心位置时，SLR 的采样间隔是 7～15 天，GPS 的最小采样间隔是 1 天，因此这里的历元地球质心实质上是采样间隔期间的平均位置。目前，国际上给出的地球质心运动序列实质上是不同时间测定的历元地球质心位置相对于初始采样间隔历元地球质心位置的差。初始采样间隔的选定是任意的，这虽不影响对地球质心运动规律的估计，但在比较同一时间不同技术或不同方法测定的地球质心位置时会遇到困难。

2. 地球质心的长期运动

地球质心的长期运动是由缓慢的质量分布变化引起的。对地球质心产生长期影响的主要因素有：

(1)海平面长期变化。

(2)冰原长期变化(格陵兰冰原、南极冰原)和地球上冰水圈层的长期变化(包括冰河、地表水等)。

(3)全球构造变化和地壳质量移动(冰后回弹、板块运动、沉积以及由板块俯冲等原因造成的质量堆积)。

(4)液体外核到地壳的热柱的运动及岩浆的流动。

(5)地幔流动及地幔内部异质的形成。

(6)液体外核内的异质运动。

(7)气候的长期变化引起的大气缓慢变化。

(8)地球各圈层自转的不均匀性。

(9)固体地核的平移及旋转。

(10)地幔、液体外核和其他地球圈层的质心位移。

(8)~(10)自始至终影响着地球的地质构造,贯穿于地球的整个演变历史。

大规模板块运动和地幔对流,必然会导致地球内部物质分布的变化,从而引起地球质心运动。岩石圈的扩张增生和压缩消亡,尽管在百万年以上时间尺度上是平衡的,但在相对短的时间尺度上也可能是不平衡的。这种不平衡将导致地球质心相对于地壳的变化,并且这种变化根本上与地幔对流有关,它应是长期或长周期的。马宗晋等(2001)根据全球地震构造分布特征和地球形状特征,指出地幔中可能存在径向地幔对流。他认为目前地球北半球可能正在压缩,南半球可能正在扩张。若上述推论完全属实,则地球的质量中心必然会产生相应的漂移。

GIA 也是导致地球质心漂移的原因之一。在冰川期,地球上局部地区(如北美洲和欧洲)由于巨大的冰盖作用而下沉,整个地球处于某种平衡状态。冰川消退以后,原冰盖地区地壳负载消失,而海洋地区由于融冰流入而负载加重,由于地幔的黏弹性特征,地球被迫进行均衡调整,以便从原平衡状态调整到一种新的平衡状态(廖永岩,2007)。在这种均衡调整中,地球内部物质必须进行再分布,因而地球质心也必然发生变化。目前,卫星大地测量技术检测到的地球形状的变化,主要起因就是冰后回弹的作用。可见,这种作用对地球的影响是巨大的,对地球质心的影响也必然是可观的。

地核由液体外核和金属内核组成,液体外核存在着对流和振荡,约 2m/s 的液体外核运动就可驱动金属内核,地核质量分布的变化将导致地球质心的运动。根据核、幔、壳的质量比例关系,计算表明 2m 的地核质心变化就可引起整个地球质心 5mm 的变化,而这种米级的地核质心变化是完全可能的。

研究地球质心长期运动的方法之一是用其他手段(如同位素、地质研究等)确定地球在一定时期的质量分布变化,并根据这些变化来计算地球质心的位移。空间观测技术,如 SLR、GPS 等技术目前已能以优于 1mm/a 的精度测定地表台站的运动。从原理上讲,地球质心相对于地壳的运动必然导致位于地壳上的跟踪站地心坐标的变化，通过检测跟踪站地心坐标的变化可求解地球质心的长期变化。但是，地球质心的长期运动是与板块运动、构造形变、冰后回弹等混合在一起的，因此仅由测站坐标速度还不能直接分离出地球质心的运动。

3. 地球质心运动的影响

各种地球动力学因素引起地球各圈层质量再分布会导致地球质量中心的漂移。地球质心运动是一个十分复杂的过程，既有短期或短周期项，也有长期或长周期项。因为地球参考系的原点定义在地球质心，地面点的坐标是相对于地球质心确定的，所以地球质心相对于地壳的运动必然引起地面点坐标的改变。如果考虑地球质心运动的影响，那么前面所述一个地面点坐标的综合表示形式应变为

$$X(t)=X_0(t_0)+(V_\mathrm{p}+V_\mathrm{i}+V_\mathrm{r}+V_\mathrm{g})(t-t_0)+\sum_i \Delta X_i(t)+\sum_j \delta X_j(t) \tag{4.22}$$

式中，$X(t)$为地面点的瞬时位置；$X_0(t_0)$为历元位置；V_p为板块运动引起地面点运动的速度；V_i为冰后回弹引起的运动速度；V_r为地球构造变化引起的速度；V_g为地球质心运动引起的地面点长期或长周期变化；$\sum_i \Delta X_i(t)$ 为潮汐等因素引起的地面点位置变化；$\sum_j \delta X_j(t)$ 为地球质心运动引起的地面点坐标变化。

地球质心运动对 CTRS 的维持有重要影响。CTRS 的原点定义在地球质心，而维持 CTRS 稳定的台站则位于地壳上，地球质心相对于地壳的运动等效于 CTRS 相对于整个地球的移动，也即地球相对于 CTRS 存在整体平移，这就会影响到 CTRS 的维持。因此，为了维持 CTRS 的稳定，有必要对地球质心的运动进行改正（孙付平，1994；朱新慧等，2014）。

第 5 章　国际地球参考框架

地球参考系是定义坐标系统的原点、尺度和定向及其随时间演变的一系列协议、算法和常数。地球参考框架由一系列坐标精确已知的物理点组成，这些坐标基于特定的坐标系统，是地球参考系统的一个理想实现。地球参考框架是地球相关学科——天文学、地球物理学和大地测量学及空间技术的基础设施。地球参考框架所能达到的完善程度，对研究地球形变与监测、全球变化及空间技术的发展具有十分重要的意义。

ITRF 是地球参考系的具体实现，是目前应用最广泛、精度最高的参考框架，被大多数研究机构采用。本章首先介绍发布 ITRF 的机构，即 IERS 的相关情况；然后介绍 ITRF 的定义和发展情况，并对 ITRF 基准的定义进行阐述；最后介绍 ITRF2008 和 ITRF2014 的基本情况。

5.1　关于 IERS

为了满足新一代空间大地测量技术的要求，综合近年来理论和模型研究的最新进展，IERS 于 2010 年 12 月发布了 IERS2010 规范，推荐采用新的天球参考框架 ICRF2、地球参考框架 ITRF2008、新的地球重力场模型 EGM2008 等一大批新的理论和模型(Petit et al.,2010)。IERS2010 为建立全球参考框架、求解地球定向参数和精化全球重力场三个大地测量基础服务提供了统一的技术标准。

5.1.1　IERS 的产生背景

ERP 是天文研究、大地测量、航海、航空以及星际导航等必不可少的参量。为了测定地极在地面的位置，1895 年由位于北纬 39°08′的 6 个纬度站建立了国际纬度服务(International Latitude Service，ILS)，并在 1899 年开始工作。后来，参加的台站发生变动，仅 5 个台站维持了长期观测。科学的发展对地极坐标的精度提出了更高的要求。1962 年，ILS 中央局从意大利迁到日本，在原有 ILS 工作的基础上，改组和扩建为国际极移服务(international polar motion service，IPMS)。除了继续做好 ILS 的传统工作，还广泛地利用全球的时间和纬度观测资料计算地极坐标。其最大的贡献是给出了 1899 年以来纬度测定的一个均匀序列，使人们拥有 80 年的实测纬度观测资料(McCarthy et al.,1996,2003)。

时间服务从 1910 年 5 月法国埃菲尔铁塔发播时号开始，随后各国相继发播时号，精度为秒量级。1912 年 10 月在巴黎召开国际学术会议，讨论提高时号发播的精度，并决定成立 BIH，以统一发表各国的授时资料。因为第一次世界大战的缘故，直到 1922 年 BIH 才正式成立。它综合各仪器的结果给出统一的高精度 UT0。1967 年，BIH 在归算方法上做了很大改进，用时间和纬度观测同时解算 UT1-UTC、极坐标 X 和 Y(天极位置由岁差和章动模型给出)，并建立了 BIH1968 系统，在此系统中用全球的时间和纬度观测重新计算了 1962 年以来的 ERP 值。

20 世纪 70 年代末，由于空间观测技术的快速发展，如 LLR、SLR 和 VLBI，ERP 的测定精度比运用经典技术时提高了一个量级。多普勒和 LLR 观测资料分别在 1972 年和 1976 年正式用于计算 ERP 值，1978 年和 1980 年 SLR、VLBI 的观测资料也先后应用于 BIH 综合解中。1983 年 9 月～1984 年 10 月的国际地球自转联测，不仅推动了新技术的发展，也促使新技术进入常规观测，而且使新旧技术得到了充分比较。为此，IAU、IUGG 决定设立 IERS，1987 年 3 月在 JPL 召开了 IERS 成立的筹备会议，决定从 1988 年以后只采用空间技术观测资料来计算 5 个 EOP。1988 年 1 月，IERS 正式成立并替代了分别成立于 1922 年的 BIH 和 1962 年的 IPMS(McCarthy et al.，1996，2003；金文敬等，2003；陈俊勇，2005)。

5.1.2　IERS 的主要功能

IERS 是国际天文和地球物理数据分析服务联合会的成员，它提供了建立协议地球参考系和协议天球参考系的必要信息；确定地球定向参数，提供天球参考系和地球参考系对应的各自参考框架与其他参考系的转换关系。IERS 的主要职责如下：

(1)使用高精度空间大地测量技术的观测台站建立和维持一个协议地球参考系。

(2)使用河外射电源建立和维持一个协议天球参考系，并建立和其他天球参考系的连接。

(3)确定连接天球参考系和地球参考系的地球定向参数，以及地球与天球的极坐标和世界时。

(4)组织制定相应的观测计划，并进行数据分析和解算，获取观测数据和解算结果，向用户分发。

IERS 由中央局和每种独立观测技术的协调中心组成，许多其他的国际组织对 IERS 进行数据的观测和处理。协调中心负责发起和组织每种技术的联测工作；中央局组合由 IERS 收集到的各种类型的数据，并且为用户提供诸如地球定向、地球参考系和天球参考系等有用的信息。中央局下面还包括完成特定任务的部门，中央局决定和发布 UTC 与 UT1 之间跳秒的公告。

IERS 主要为天文学、大地测量和地球物理团体提供以下产品：

(1)ICRS 及其实现 ICRF。

(2)ITRS 及其实现 ITRF。

(3)EOP，用于研究地球自转变化，实现 ICRF 和 ITRF 间的转换。

(4)用于描述 ICRF、ITRF 和 EOP 的空间与时间变化的地球物理数据，并将其模型化。

(5)一系列的标准、常数和模型，用于保证各种产品间的一致性。

IERS 协议包括以下方面：ICRS 和 ITRS 的定义及实现，ICRF 和 ITRF 间的转换，潮汐对地球重力场、地面点和地球自转的影响，时间系统，对流层模型和广义相对论效应。

IERS 协议的主要任务是定义参考系统并给出实现这一理想定义的模型和方法。它的前身是 MERIT 项目所形成的一系列文档，目前已经发布了 IERS 协议多个版本，主要有 IERS 标准和 IERS 协议，可通过 IERS 的官方网站获取。IERS 协议采纳了各国际科学团体的若干建议。在 IERS 2003 协议(McCarthy，2003)中，天球参考系基于国际天文学联合会 A4 决议(1991)，按照 B2 决议(1997)执行，并根据 B1 决议(2000)加以精化。地球参考系基于 IUGG 的 2 号决议(1991)。天球参考系和地球参考系间的转换遵守 IAU B1 决议(2000)。

需要注意的是，IERS 的所有产品必须符合 IERS 的协议，若提交给 IERS 的产品与 IERS 协议不一致，则产品提供者必须明确指出不一致，并评价其对 IERS 参考系统可能造成的影响。然而，目前 IERS 提供的各种产品，包括协议参考框架并没有完全遵守 IERS 协议规定(McCarthy et al.，1996，2003；Petit et al.，2010)。

5.1.3 IERS 的构成

经过多次的专题讨论会，IERS 经过了重组的建议，2000 年 12 月在旧金山召开的第 32 次主席团会议上，明确了各部门的组成及作用。新的 IERS 主席团下设五个部分(金文敬等，2003)(见图 5.1)：

(1)中央局是主席团的秘书处，负责安排各种会议，并出版 IERS 各种刊物和简讯，同时也是 IERS 与用户之间的桥梁，把技术中心、成果中心和联合研究中心的成果送至用户。

(2)分析协调部主要是协调和保证 IERS 工作在各技术中心和成果中心顺利开展，并通过成果的质量评估来提高 IERS 各种成果的一致性和精度，综合各技术中心的成果，以便给出统一的 IERS 成果。

(3)联合研究中心负责向分析协调部提供联合解算的方法和软件，联合解算的方法有两种，即基于初始的观测资料和基于观测资料经过归算后由各技术中心向IERS提供的结果。

(4)技术中心包括国际GPS服务技术中心、国际激光测距服务(international laser ranging service，ILRS)技术中心、国际甚长基线干涉测量服务(international VLBI service，IVS)技术中心、国际星载多普勒定轨和无线电定位系统服务(international DORIS service，IDS)技术中心。

(5)成果中心包括地球定向、快速服务和预报、天球参考框架、地球参考框架和全球地球物理流。

此外，IERS还由一个工作组负责基准的定义、台站观测和并置站测量，以及多种技术的联合研究。其国际组织协会的代表包括IAU、国际大地测量联合会、国际测地和地球物理联合会、天文和测地资料服务联合会。目前IERS的框架组成见图5.1(McCarthy et al.，2003)。

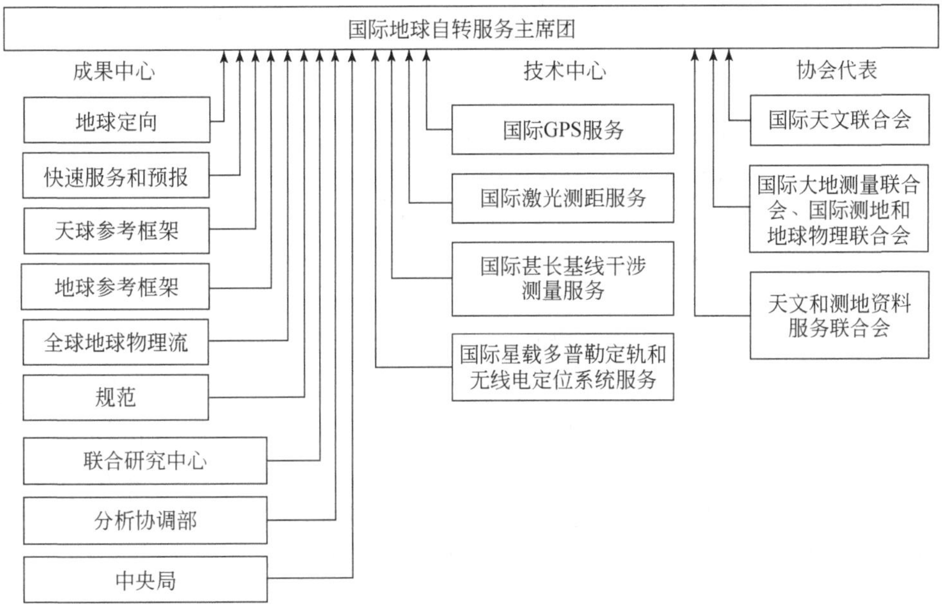

图5.1 IERS框架组成

5.2 ITRF的介绍

目前，ITRS由IERS负责定义、维护和实现。ITRF是由IERS提供的产品，是ITRS的实现。ITRF是目前应用最广泛、精度最高的参考框架，被大多数研究机构采用。ITRS 由 IERS 根据 IUGG 的决议定义。

ITRF 的实现基于多种空间技术的观测数据，包括 VLBI、LLR、SLR、GPS、DORIS 等。

ITRF 通过一组站的坐标 SSC 和速度来完成，这些站的坐标和速度通过 VLBI、SLR、LLR、GPS(起于 1991 年)和 DORIS(起于 1994 年)等空间大地测量手段得到。计算的 ITRF 解发表在 IERS 的年度报告上，已有的 ITRF 解有 ITRF0、ITRF88、ITRF89、ITRF90、ITRF91、ITRF92、ITRF93、ITRF94、ITRF96、ITRF97、ITRF2000、ITRF2005、ITRF2008 和 ITRF2014。

在 ITRF 联合解算时，首先利用站集(即大地网)的速度模型将各分析中心提供的 SSC 解归化至某一参考历元 t_0；然后进行联合平差，得到 ITRF 站坐标和每一组 SSC 相对于 ITRF 联合解的 7 个转换参数。ITRF 点的速度通过两种方法获得：一种方法是同计算站坐标一样，不过它的模型由坐标转换公式导出；另一种方法是对两个历元的位置进行求导。

5.2.1 ITRF 的定义和发展

ITRS 是国际地球参考系统，它的定义应该满足以下 4 个条件：

(1)原点是包括海洋和大气的整个地球的质量中心。

(2)尺度约定为引力相对论意义下的局部地球参考框架内的国际单位制米。

(3)定向约定为 BIH1984.0 对应的地球自转参数。

(4)定向随时间的演化相对于地壳没有整体性的旋转约束。

由上述条件可以看出，ITRS 的原点和尺度定义中并没有限定观测历元，也就是说 ITRS 的原点基准为客观存在的瞬时地球质心，而尺度则由相对论模型和计量基准国际单位制米导出，其也是与历元和观测技术无关的，然而通常找不到空间几何观测量相对敏感的具体物理量的不变参数来定义空间定向参考基准，因此由历元 ERP 和 NNR 约束协议约定了空间定向参考基准，或者说将 BIH1984.0 对应的 ERP 作为定义常数，结合与历元和观测技术无关的 NNR 约束共同约定了 ITRS 的定向。

ITRF 是 ITRS 的具体实现，实现的方法是采用多种空间观测技术，如 VLBI、SLR、LLR、GPS、DORIS 等，综合多个数据分析中心的解算结果构建地球参考框架，由国际地球自转服务中心 IERS 中心局分析得到一组全球站坐标和速度场。目前，几乎不存在独立地检测 ITRS 的原点、定向和尺度变化的技术手段，人们只能采用与建立 ITRF 相同的空间大地测量技术，检测参考基准的变化，考虑到特定的观测技术只敏感于特定的基准参数，因此 IERS 实现的 ITRF 是与历元和观测技术有关的(Altamimi et al.,2002,2007,2011,2016)。

IERS 的 ITRS 产品中心负责实现 ITRF，并通过相应的技术文档发布。发布的 ITRF 通常采用“ITRF＊＊＊＊”命名，其中“＊＊＊＊”一般表示该 ITRF 采用的空间观测数据的截止时间，例如 2010 年建立的 ITRF2008 所采用的空间观测数据的截止日期为 2008 年底(GPS 技术到 2009 年 5 月)，表 5.1 给出了各个 ITRF 版本的基本情况。

表 5.1 ITRF 坐标框架序列

ITRF	观测技术	参考历元	速度场	板块运动模型
ITRF88	VLBI，SLR，LLR	1988.0	AM0-2，AM1-2	AM0-2，AM1-2
ITRF89	VLBI，SLR，LLR	1988.0	AM0-2，AM1-2	AM0-2，AM1-2
ITRF90	VLBI，SLR，LLR	1988.0	AM0-2，AM1-2	AM0-2，AM1-2
ITRF91	VLBI，SLR，LLR，GPS	1988.0	AM0-2，NNR-NUVEL1，少量测量	AM0-2，NNR-NUVEL1
ITRF92	VLBI，SLR，LLR，GPS	1988.0	NNR-NUVEL1，实测	AM0-2，NNR-NUVEL1
ITRF93	VLBI，SLR，GPS	1993.0	NNR-NUVEL1A，实测	NNR-NUVEL1A
ITRF94	VLBI，SLR，GPS	1993.0	实测与 NNR-NUVEL1A 约束	NNR-NUVEL1A
ITRF96	VLBI，SLR，GPS，DORIS	1993.0	实测	—
ITRF97	VLBI，SLR，GPS，DORIS	1993.0	实测	—
ITRF2000	VLBI，SLR，GPS，DORIS，LLR	1997.0	实测与 NNR-NUVEL1A 约束	NNR-NUVEL1A
ITRF2005	VLBI，SLR，GPS，DORIS	2000.0	实测与 NNR-NUVEL1A 约束	NNR-NUVEL1A
ITRF2008	VLBI，SLR，GPS，DORIS	2005.0	实测与 NNR-NUVEL1A 约束	NNR-NUVEL1A
ITRF2014	VLBI，SLR，GPS，DORIS	2005.0	实测与 NNR-NUVEL1A 约束	NNR-NUVEL1A

一个地球参考框架的定义是通过对框架的定向、原点、尺度和框架时间演变基准的明确定义来实现的。自 ITRF 建立以来，随着技术水平的提高和新的观测技术的加入，人们对不同 ITRF 框架的定义也进行了一些改进，包括如下方面：

(1)定向基准。ITRF93 的定向参数与其他框架之间存在着显著的旋转关系。为了保证定向基准的连续性，通常采用核心网的方法使新建立的参考框架的定向及其演化平行于旧的参考框架。事实上，最初的定向演化即由平行于 BIH 和 IERS 的 EOP 序列来实现，从 ITRF94 开始，利用 7 个相似变换参数的变化率，使

ITRF 的定向演化平行于地质和地球物理模型 NNR-NUVEL1A，受 NNR-NUVEL1A 模型精度的限制，从 ITRF2005 开始，定向及其演化通过选定的核心网与前一参考框架保持平行。此时，可以认为 ITRF2005 和 ITRF2008 的定向演化均由 ITRF2000 的线性速度场和 IERS 的 EOP 序列所定义，受建立 ITRF2000 时所采用的 NNR-NUVEL1A模型精度的限制，新建立的 ITRF2005 和 ITRF2008 均不能很好地满足 ITRS 的 NNR 条件。例如，Drewes(2009)利用 ITRF2005 的数据在全球 1°×1°的格网内积分，导出地球存在以(−23°，143°)为旋转极的整体旋转，旋转角速度为0.06mas/a，换算为线性速度为 1.7mm/a。

(2)原点基准。ITRF88～ITRF93 的原点以得克萨斯大学空间分析中心的 SLR 分析结果作为固定基准；ITRF94 以后的框架则是选了一些 SLR、GPS 和 DORIS 独立解的加权平均值作为原点基准。

(3)尺度基准。ITRF88～ITRF93 的尺度以 CSR 的 SLR 分析结果作为固定基准；ITRF94 以后框架的尺度则是采用了 VLBI、SLR、GPS 和 DORIS 独立解的加权平均值。

(4)时间演变基准。ITRF88～ITRF90 采用 AM0-2 绝对板块运动模型作为其时间变化的模型，没有考虑速度场的模型。ITRF91 以后解的方案与以前有了很大的变化，在时间变化上与地球物理模型 NNR-NUVEL1A 一致，即采用了 NNR 这一条件。但之后的应用成果表明，以 ITRF2000 和 ITRF2005 为例，虽然其定向速率和 NNR-NUVEL1A 的定向速率之间差异确保在 1mm/a 的水平，但其与地质模型 NUVEL-1A 的相对板块运动仍有很大的不一致。

观测技术、采用模型以及数据解算方法的差异，使得 ITRF 各序列之间存在着微小的系统变化，这种系统差别可以看作坐标系之间的平移、缩放和旋转，因此可采用 7 参数变换模型进行相互之间的转换。随着观测手段的改进以及数据处理精度的不断提高，后来建立的 ITRF 框架之间的差异变得越来越小。表 5.2 给出了 IERS 发布的 ITRF2008 与之前 ITRF 序列的转换参数及其变化率(加粗表示)。

由表 5.2 可以看出，ITRF2008 转换到 ITRF93 框架的旋转参数及其变化率明显比转换到其他框架的要大，即 ITRF93 与其他框架存在着显著的旋转关系。ITRF2008 转换到 ITRF2000 和 ITRF2005 的旋转参数及其变化率都接近于零，即 ITRF2005 和 ITRF2008 的定向演化均与 ITRF2000 平行。由表 5.2 也可以看出，ITRF 系列之间的差异变得越来越小，这也说明随着空间大地测量技术手段的增多、测量精度的提高，所确定的地球参考框架的精度越来越稳定，也越来越精确(徐世依，2017；傅彦博等，2017)。

表 5.2　ITRF2008 与其他框架之间的转换参数及其变化率

ITRF	T_1/mm $\dot{T}_1$/(mm/a)	T_2/mm $\dot{T}_2$/(mm/a)	T_3/mm $\dot{T}_3$/(mm/a)	$D/10^{-9}$ $\dot{D}$/(10^{-9}/a)	R_1/mas $\dot{R}_1$/(mas/a)	R_2/mas $\dot{R}_2$/(mas/a)	R_3/mas $\dot{R}_3$/(mas/a)	参考历元
ITRF2005 及其变化率	−2.0	−0.9	−4.7	0.94	0.00	0.00	0.00	2000.0
	0.3	**0.0**	**0.0**	**0.00**	**0.00**	**0.00**	**0.00**	
ITRF2000 及其变化率	−1.9	−1.7	−10.5	1.34	0.00	0.00	0.00	2000.0
	0.1	**0.1**	**−1.8**	**0.08**	**0.00**	**0.00**	**0.00**	
ITRF97 及其变化率	4.8	2.6	−33.2	2.92	0.00	0.00	0.06	2000.0
	0.1	**−0.5**	**−3.2**	**0.09**	**0.00**	**0.00**	**0.02**	
ITRF96 及其变化率	4.8	2.6	−33.2	2.92	0.00	0.00	0.06	2000.0
	0.1	**−0.5**	**−3.2**	**0.09**	**0.00**	**0.00**	**0.02**	
ITRF94 及其变化率	4.8	2.6	−33.2	2.92	0.00	0.00	0.06	2000.0
	0.1	**−0.5**	**−3.2**	**0.09**	**0.00**	**0.00**	**0.02**	
ITRF93 及其变化率	−24.0	2.4	−38.6	3.41	−1.71	−1.48	−0.30	2000.0
	−2.8	**−0.1**	**−2.4**	**0.09**	**−0.11**	**−0.19**	**0.07**	
ITRF92 及其变化率	12.8	4.6	−41.2	2.21	0.00	0.00	0.06	2000.0
	0.1	**−0.5**	**−3.2**	**0.09**	**0.00**	**0.00**	**0.02**	
ITRF91 及其变化率	24.8	18.6	−47.2	3.61	0.00	0.00	0.06	2000.0
	0.1	**−0.5**	**−3.2**	**0.09**	**0.00**	**0.00**	**0.02**	
ITRF90 及其变化率	22.8	14.6	−63.2	3.91	0.00	0.00	0.06	2000.0
	0.1	**−0.5**	**−3.2**	**0.09**	**0.00**	**0.00**	**0.02**	
ITRF89 及其变化率	27.8	38.6	−101.2	7.31	0.00	0.00	0.06	2000.0
	0.1	**−0.5**	**−3.2**	**0.09**	**0.00**	**0.00**	**0.02**	
ITRF88 及其变化率	22.8	2.6	−125.2	10.41	0.10	0.00	0.06	2000.0
	0.1	**−0.5**	**−3.2**	**0.09**	**0.00**	**0.00**	**0.02**	

5.2.2　ITRF 基准定义的实现

1984 年，BIH 利用 VLBI、LLR 和 DORIS/TRANSIT（子午仪卫星导航系统）的观测数据得到第一个 TRF 组合解 BTS84（BTS84 是在 BIH 框架下实现的，BIH 是 MERIT 项目的协调中心），接着又先后实现了三个 BTS 框架，最后一个是 BTS87。1988 年，IUGG 和 IAU 共同创办了 IERS。

截至 2020 年，从 ITRF88 到 ITRF2014，IERS 已经发布了 13 个版本的 ITRF 框架，前者都被其后继者所取代。最新的版本 ITRF2020 已于 2022 年 4 月发布。

各个时期的 ITRF 原点、尺度和定向参数的确定均采用了不同的空间大地测量技术。其中，SLR 主要用于原点定义，并与 VLBI 数据一起定义尺度基准；VLBI 主要用于定义尺度，对天球参考框架的原点和定向，地球参考框架的原点、定向和时间演化不敏感；尽管 GPS 卫星对地心变化非常敏感，但 GPS 高程方向测量精度较低，超出了地心变化范围，而且 GPS 卫星星座恢复需要一定的周期，并且 GPS 卫星天线相位中心一直无法确定，这些因素直接影响地球参考框架尺度因子的精度。因而，ITRF2000 相对于 ITRF96 和 ITRF97 去掉了 GPS 解，仅由 SLR 和 VLBI 的加权平均解得到，精度相对于前两者有所提高。定向不能通过任何观测手段得到、任意选定或者由协议给出。定向随时间的演变相对于地球表面的水平运动应符合无整体旋转的 NNR 条件，即相对于地壳整体无残余旋转。其数学表达就是简化的 Tisserand 条件，即相对于参考框架，整个地壳的角动量之和为 0：

$$L=\int_c r\times v\mathrm{d}m=0 \tag{5.1}$$

不同时期 ITRF 选用了不同的基准，这主要是由于观测技术的发展和对地球认识的逐步提高，基准定义日益完善。

从 ITRF88 到 ITRF93，ITRF 基准定义如下：

(1)原点和尺度，由选定的 SLR 平均解确定。

(2)定向，从 BTS87 开始，后继者的定向与前者一致，BTS87 与 BIH EOP 序列一致，ITRF93 的定向及其随时间的演变重新对齐到 IERS EOP 系列。

(3)定向随时间的演变，ITRF88 和 ITRF89 没有估计全球速度场，建议使用 AM0-2 模型。从 ITRF91 到 ITRF93 估计了部分测站的速度场。ITRF91 定向速度与 NNR-NUVEL-1 模型一致，ITRF92 与 NNR-NUVEL1A 模型一致，而 ITRF93 对齐到 IERS EOP 系列。

从 ITRF94 开始，ITRF 组合解中包括了单个解的全协方差阵，ITRF94 基准定义如下：

(1)原点，由 SLR 和 GPS 的加权平均值确定。

(2)尺度，由 VLBI、SLR 和 GPS 解的加权平均值确定，加入了 0.7ppb 的改正，满足 IUGG 和 IAG 用地心坐标时(geocentric coordinate time，TCG)时间框架替代各分析中心使用的地球时(terrestrial time，TT)框架的要求。

(3)定向，转换到 ITRF92 框架下。

(4)定向随时间的演变，使用 7 个速度转换参数，使之符合 NNR-NUVEL1A 模型，使用 14 参数法将 ITRF96 对齐到 ITRF94，ITRF 转换到 ITRF96。

除了 VLBI、LLR、SLR、GPS 和 DORIS 的核心站，ITRF2000 还使用位于阿拉

斯加、亚洲、欧洲、北美洲和南美洲以及太平洋地区的区域 GPS 网作为加密网。

对基准定义而言，ITRF2000 具有以下特点：

(1)ITRF2000 的尺度与 VLBI 及最相符合的 SLR 解间的尺度和尺度变化率的加权平均值为零；ITRF97 的尺度基于 TCG 框架，ITRF2000 基于 TT 框架。

(2)使 ITRF2000 与最相符合的 SLR 解间的平移参数为零。

(3)定向与 1997.0 历元的 ITRF97 框架一致，速度场转换到 NNR-NUVEL1A 模型。

ITRF2000 的成果表明，它与地质学模型 NUVEL-1A 的板块相对运动有很大的不一致。尽管 ITRF 速度场在 1mm/a 的水平上与 NUVEL-1A 模型相符合，但局部区域站速度差异超过 3mm/a。然而，这些并不影响 ITRF2000 的内部一致性，因为 NUVEL-1A 模型只用于确定 ITRF2000 的定向速度，并不造成其他影响。

参考框架 ITRF2005 的基准定义如下：

(1)原点，ITRF2005 与 ILRS SLR 时间序列在 2000.0 历元的平移参数及速率为零。

(2)尺度，ITRF2005 与 IVS VLBI 时间序列在 2000.0 历元的尺度参数及速率为零。

(3)定向及其随时间的演变，ITRF2005 与 ITRF2000 的旋转参数及速率在 2000.0 历元时为零。

2010 年 IERS 发布的 ITRF2008 参考框架相比包括 ITRF2005 在内的其他序列，测站的位置和站速度的精度方面都有所提高，而且其原点和尺度也都有所改善，下面对其进行简单介绍。

5.3 ITRF2008

随着观测数据的不断积累以及各数据分析中心在数据处理、分析策略方面的改进，IERS 通过定期更新来维护国际地球参考框架。ITRF2008 是对 VLBI、SLR、GPS 和 DORIS 四种空间观测技术不同年份的观测数据进行重新处理之后建立起来的，是国际地球参考框架的精化版本(Altamimi et al.,2011)。

ITRF2008 所对应的参考基准即框架参数可定义如下：

(1)原点，在 J2005.0 历元时刻，ITRF2008 相对于 ILRS 的 SLR 时间序列间的平移参数及其变化率为零。

(2)尺度，在 J2005.0 历元时刻，ITRF2008 相对于 IVS 的 VLBI 和 ILRS 的 SLR 时间序列的平均尺度因子及其变化率为零。

(3)定向，在 J2005.0 历元时刻，ITRF2008 相对于 ITRF2005 的旋转参数及旋转速率为零。

由上述定义可以看出，ITRF2008 的原点和尺度由 SLR 和 VLBI 的观测量共同定义，空间几何观测量均不能敏感于 ITRS 约定的定向基准，因此 ITRS 产品中心通过从 ITRF2005 中选择一组参考点组成核心网，利用与定向参数对应的最小约束条件使 ITRF2008 与 ITRF2005 平行。该核心网由分布在 131 个测站的 179 个地面参考点组成，其选择标准如下：

(1)有最佳的站点分布。

(2)涉及尽可能多的 VLBI、SLR、GPS 和 DORIS 站。

(3)两框架之间的 14 个参数转换后残差符合最好。

ITRF2008 由分布在 580 个站址的 934 个地面参考点组成。其中，北半球有 463 个测站，南半球有 117 个测站，可见在南北半球的分布是不均匀的。其中，580 个测站中包含了 105 个并址技术站(或称并置站)，仅 91 个并置站拥有比较可靠的本地连接数据，而且目前并不是所有的并置站均在工作，例如 6 个拥有 VLBI、SLR、DORIS 和 GNSS 四种观测技术的并置站中(四种技术之间的连接如图 5.2 所示)，目前仅南非的 Hartebeesthoek 和美国的 Greenbelt 两个站的四种观测技术均在运行。在并置站中，除了 Dionysos(希腊)站并址 DORIS，移动的 Richmond (美国)并址 VLBI、SLR 和 DORIS，其他所有的并置站都包括永久性 GPS 站。VLBI、SLR 和 DORIS 相互之间的并置站比较少，其中有 8 个 VLBI-SLR 并置站，10 个 VLBI-DORIS 并置站和 10 个 SLR-DORIS 并置站，无法将这 3 种独立技术进行可靠综合。因此，GPS 在 ITRF 综合中起着很重要的作用，即连接其他 3 种技术。GPS 与其他 3 种技术之间共有 137 个联系向量，即 44 个联系 VLBI，48 个联系 SLR，45 个联系 DORIS，另外还有 15 个是在 DORIS 专用站上建立旧的和当前的 DORIS 信标参考点之间的联系。

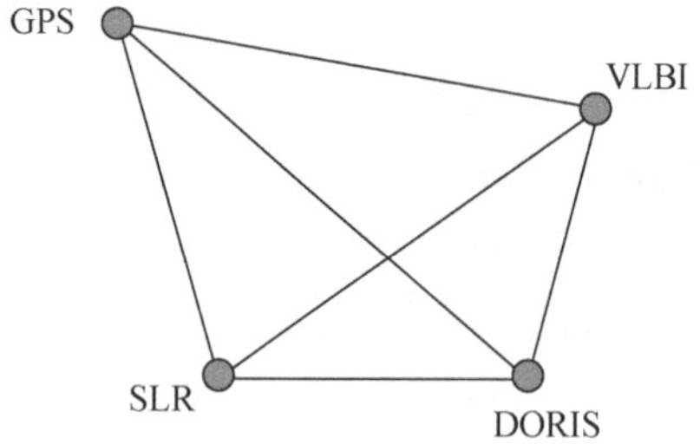

图 5.2　四种技术之间的连接

ITRS 的产品中心利用各技术中心以标准分析解独立交换(solution independent exchange，SINEX)提供的坐标、ERP 时间序列、先验约束信息和各并置站提供的测站连接解的时间序列综合建立 ITRF2008。表 5.3 给出了 IERS 以标准的 SINEX 提供给 IERS 产品中心的解的属性。

表 5.3　IERS 以标准的 SINEX 提供给 IERS 产品中心的解的属性

技术中心	时间跨度	间隔	解的类型	约束形式	ERP	测站数目
IVS	1980 年 1 月～2009 年 1 月	日	法方程	无	x^p, y^p, DUT1, $\dot{x}^p$, $\dot{y}^p$, LOD	91
ILRS	1983 年 1 月～2009 年 1 月	周	方差-协方差矩阵	松约束	x^p, y^p, LOD	89
IGS	1997 年 1 月～2009 年 5 月	周	方差-协方差矩阵	最小约束	x^p, y^p, $\dot{x}^p$, $\dot{y}^p$, LOD	492
IDS	1993 年 1 月～2009 年 1 月	周	方差-协方差矩阵	松约束	x^p, y^p, LOD	67

ITRF2008 输入数据为 IGS、ILRS 和 IDS 提供的卫星技术的周解和由 IVS 提供的 VLBI 日解(包括站的位置和日常地球定向参数 EOP)时间序列。由表 5.3 可以看出，这 4 项技术观测时间跨度分别是 29 年、26 年、12.5 年和 16 年。每个单一技术的时间序列已经由单个分析中心对该技术解进行了综合。综合 ITRF2008，用时间序列作为输入数据的主要优点是能够识别站位置的不连续，这个不连续大多是由地震和设备的改变引起的。时间序列中共发现 638 个不连续，其中 550 个与 GPS 有关。表 5.3 列出了 IAG 服务所提交的技术解所用序列的时间跨度、解的类型、由技术中心施加的约束形式以及 ERP。其中，ERP 中包含了极移、极移变化率、日长等参数，但在解算时并不完全采用所有的 ERP。

建立 ITRF2008 过程中，引入了新的模型和参数，其在框架内部一致性和稳定性方面，要优于 ITRF2005。例如，在数据处理时，卫星和测站相位中心改正引入了新的绝对相位中心偏移和变化模型，信号延迟采用新的对流层模型，IVS 重新分析解中顾及了 IERS 规范中平均极潮改正、更先进的对流层模型和天线热变形改正，改进的 ILRS 解考虑了新的伪距偏差值、新的对流层模型和其他依赖站的相关修正，并且第一次有 7 个 IDS 分析中心包括了 DORIS 综合解。

建立 ITRF2008 时在观测历元将局部联系作为观测值，用全方差-协方差信息进行适当加权，可提供统计上最满意的组合。同时，将来如果有更好的、与空间大地测量符合较好的、几何分布也较好的并置站网，且有很好的估计局部联系，这种误差还会得到进一步改善。因此，改善大地测量基础设施对于提高 ITRF 也很重要(徐世依，2017)。

5.4　ITRF2014

ITRF2014 是对 SLR、VLBI、DORIS、GNSS 四种空间大地测量技术在各个年份的观测数据进行重新整合计算而得出的精细参考框架，由以下框架参数定义。

(1)坐标原点：仅由 SLR 数据确定。在历元 2010.0 下，ITRF2014 坐标原点相对于 ILRS 和 SLR 长期解的平移与平移变化率为 0。

(2)尺度：由 SLR 与 VLBI 联合确定。在历元 2010.0 下，ITRF2014 相对于 VLBI 和 SLR 的尺度与尺度变化率为 0。

(3)定向：遵循地壳整体无旋转条件。在历元 2010.0 下，ITRF2014 相对于 ITRF2008 的旋转参数与旋转速率为 0。

ITRF2014 的输入数据为 ILRS、IDS、IGS 卫星测量技术的周解与 IVS 提供的日解、站坐标和 EOPs 参数。四项技术的输入数据基本情况如表 5.4 所示。

表 5.4　ITRF2014 所用到空间大地测量技术输入数据基本情况

测量技术	技术中心	解算类型	解算周期	时间跨度
VLBI	IVS	无约束正则化处理	按照协议周期	1980 年 4 月～2014 年 12 月
SLR	ILRS	松弛约束处理	1993.0 之前，半月一次，之后一周一次	1982 年 12 月～2015 年 1 月
GNSS	IGS	最小约束处理	日	1994 年 1 月～2015 年 2 月
DORIS	IDS	最小约束处理	周	1993 年 1 月～2014 年 9 月

此外，各个并置站之间的连接数据与大气载荷数据也作为 ITRF2014 的输入数据，其中并置站的局部连接由 IGN 测量部门收集并提供，格式为 SINEX；ITRF2014 的大气载荷数据由 IERS 的全球地球物理流体中心(Global Geophysical Fluids Center，GGFC)与基于美国国家环境预报中心(National Centers for Environmental Prediction，NCEP)的模型提供，为自由格式。

在 ITRF2014 中，来自 SINEX 文件的输入数据相对于 ITRF2008 也有了一定的提升。

(1)VLBI：使用无约束的法方程组与完整的统计资料。

(2)SLR：使用松约束的法方程组与完整的统计资料。

(3)GNSS：关于原点与定向的无约束法方程组，只建立了每日的尺度参数，无完整统计资料，需进行粗略估计。

(4)DORIS：用最小约束法方程组，此约束不包含在 SINEX 文件中，因此原点、尺度、定向需要在每周的正则方程组中建立参数，也有完整的统计资料。

在构建 ITRF2014 的过程中，全球增加了应用以上 4 项技术的新台站，因此台站有了更好的全球分布。表 5.5 给出了 ITRF2014 站点的全球分布基本情况。

表 5.5　ITRF2014 站点的全球分布基本情况　（单位：个）

测量技术	SINEX 中的台站	减少的台站（相对于 ITRF2008）	不连续处	ITRF2014 中的台站
SLR	142	43	17	116
VLBI	159	52	43	116
DORIS	160	14	36	144
GNSS	1810	234	226	1576

从表 5.5 中可以清晰地看出，ITRF2014 优化了 4 种测量技术的台站在全球的分布，并且减少了部分数据质量较差与分布不合理的测站，减少了由测量误差造成的参考框架系统误差。GNSS 技术在 ITRF2014 测站网点中占据主导，其比例从 ITRF2008 的 60%升至 ITRF2014 的 80%。其中，450 个 GNSS 测站是在 2007 年以后安装运行的。

在综合 ITRF2014 时，采用了与 ITRF2008 相同的分析策略，按如下步骤实施：

(1)在处理 SLR 技术周解的过程中，对所有松弛约束采用最小约束的方法。

(2)在对以正则方程组形式给出 IVS 的解集中，施加无绝对平移和整体无旋转条件。

(3)在处理 IGS 与 IDS 的周解过程中，采用了最小约束法。

(4)在对每个技术长期解的估计过程中，采用了叠加单个技术时间序列的方法，给出了包括台站位置、速度、EOP 日解以及每个技术的七个转换参数的周解或日解。另外，在时间序列的叠加过程中，在足够的时间跨度下，给出了台站一年期与半年期的预测信号，并且在建立时间序列的叠加正则方程组之前，给出了震后形变模型进行修正，并将其应用在了地震台站。

(5)识别与剔除异常值，针对地震台站的不连续处采用分段线性函数法与给出的震后形变模型进行处理。

(6)考虑并置站之间的联系，并且适当赋予局部联系一定的权重，维持 ITRF2014 与单个技术解之间的一致性。

(7)产生 ITRF2014 的解，包括台站位置坐标、速度以及 EOPs 参数。VLBI 与

SLR 从 20 世纪 80 年代早期就开始提供 EOPs 参数，DORIS 从 1993 年开始提供，GPS 从 1994 年开始提供。

此种策略相对于参数组合法的优点：①在联合处理之前，不需要对大地基准进行约束处理；②在联合处理过程中不需要进行相似变换。

各个技术解的内部精度由加权均方根来评价，因此在基准参数中，四个技术转换参数的站心坐标系（东、北、天）分量分别如下：SLR 为 3.7mm、3.6mm、6.6mm，VLBI 为 1.9mm、2.3mm、3.5mm，GPS 为 1.6mm、1.9mm、2.4mm，DORIS 为 9.1mm、7.1mm、8.0mm。在 2005.0 历元下，综合 ITRF2014 分析结果，技术尺度变化率的误差分别如下：SLR 为 0.01mm/a，VLBI 为 0.002mm/a，DORIS 为 0.029mm/a。对于 VLBI 技术的尺度误差，根据之前 IVS 提供的时间序列，尺度误差稳定在 0.1mm；但 ITRF2014 发现，现在的尺度误差高达－1.2mm，至今还不清楚其原因所在。在转换参数方面，ITRF2014 与 ITRF2008 有很好的一致性；并且随着解算模型的变化，尺度上没有大的变化；但是在 VLBI 与 SLR 确定尺度参数的一致性方面还有待商榷。

与 ITRF2008 类似，ITRF2014 提供极移及其变化率、世界时（UT1-UTC）、日长（length of day，LOD）与章动。在 ITRF2008 中，LOD 由 VLBI 技术唯一确定，而在 ITRF2014 中，LOD 由 VLBI 与 GPS 两种技术联合确定。在 ITRF2014 中，VLBI 技术还单独提供了章动偏移量。

相对于 ITRF2008，ITRF2014 在数据处理策略上做出了改进。ITRF2014 对全球测站的非线性运动进行模型化处理，并对其中的季节性周期项（如一年期或者半年期）进行估计。在已经公布的 12 个版本的 ITRF 中，ITRF2014 首次考虑了非潮汐大气载荷，同时改进了个体的大气载荷模型。

ITRF2014 还推出了以下新产品：

1）震后形变模型（能在任一历元下传递参数）

关于震后形变模型，现在已经发布的有：用于 ITRF2014 完整的参数模型方程组、以 SINEX 文件形式发布的震后形变模型预测参数与方差。同时，震后形变模型以测站振幅的时间函数的形式给出。

测站位置坐标可以用 X_{PSD} 表示，历元可用 t 表示，初始历元用 t_0 表示，因此测站位置坐标可以表示为

$$X_{\mathrm{PSD}}(t)=X(t_0)+\dot{X}(t-t_0)+\delta X_{\mathrm{PSD}}(t) \tag{5.2}$$

式中，$\dot{X}$ 为测站的线性速度矢量；$\delta X_{\mathrm{PSD}}(t)$ 为对应历元 t 的测站震后形变改正量总和。在东北天坐标系中，每一测站的震后形变改正记为 $\delta L(t)$：

$$\delta L(t)=\sum_{i=1}^{n^{\mathrm{l}}}A_i^{\mathrm{l}}\lg\left(1+\frac{t-t_i^{\mathrm{l}}}{\tau_i^{\mathrm{l}}}\right)+\sum_{i=1}^{n^{\mathrm{e}}}A_i^{\mathrm{e}}\left(1-\mathrm{e}^{-\frac{t-t_i^{\mathrm{e}}}{\tau_i^{\mathrm{e}}}}\right) \tag{5.3}$$

式中，n^{l} 为模型中的对数项项数；n^{e} 为模型中的指数项项数；A_i^{l} 为 i^{th}对数项的振幅；A_i^{e} 为 i^{th}指数项的振幅；τ_i^{l} 为 i^{th}对数项的阻尼时间；τ_i^{e} 为 i^{th}指数项的阻尼时间；t_i^{l} 为对应于 i^{th}对数项的地震时间；t_i^{e} 为对应于 i^{th}的指数项时间，$\delta L(t)$的方差可记为

$$\mathrm{var}(\delta L)=C\cdot\mathrm{var}(\theta)\cdot C^{\mathrm{T}} \tag{5.4}$$

式中，θ 为震后形变模型的参数矢量，可表示为

$$\theta=[A_1^{\mathrm{l}},\tau_1^{\mathrm{l}},\cdots,A_{n^{\mathrm{l}}}^{\mathrm{l}},\tau_{n^{\mathrm{l}}}^{\mathrm{l}},A_1^{\mathrm{e}},\tau_1^{\mathrm{e}},\cdots,A_{n^{\mathrm{e}}}^{\mathrm{e}},\tau_{n^{\mathrm{e}}}^{\mathrm{e}}]$$

式(5.4)中 C 矩阵由 $\delta L(t)$对模型中(对数项与指数项)振幅的偏导数、对阻尼时间的偏导数组成：

$$\frac{\partial\delta L}{\partial A_i^{\mathrm{l}}}=\lg\left(1+\frac{t-t_i^{\mathrm{l}}}{\tau_i^{\mathrm{l}}}\right) \tag{5.5}$$

$$\frac{\partial\delta L}{\partial\tau_i^{\mathrm{l}}}=-\frac{A_i^{\mathrm{l}}(t-t_i^{\mathrm{l}})}{(\tau_i^{\mathrm{l}})^2\left(1+\frac{t-t_i^{\mathrm{l}}}{\tau_i^{\mathrm{l}}}\right)} \tag{5.6}$$

$$\frac{\partial\delta L}{\partial A_i^{\mathrm{e}}}=1-\mathrm{e}^{-\frac{t-t_i^{\mathrm{e}}}{\tau_i^{\mathrm{e}}}} \tag{5.7}$$

$$\frac{\partial\delta L}{\partial\tau_i^{\mathrm{e}}}=-\frac{A_i^{\mathrm{e}}(t-t_i^{\mathrm{e}})\mathrm{e}^{-\frac{t-t_i^{\mathrm{e}}}{\tau_i^{\mathrm{e}}}}}{(\tau_i^{\mathrm{e}})^2} \tag{5.8}$$

至此，震后形变模型已经确定，并且能独立地提供每个测站的东北天坐标，在每个测站坐标向量之间不会有交叉干扰项(或改正)。但是在方程的方差计算过程中，需要将每个振幅与阻尼时间(对数项和指数项)之间的交叉干扰项考虑在内。

在算出了 $\mathrm{var}(\delta E)$、$\mathrm{var}(\delta N)$、$\mathrm{var}(\delta U)$后，就可将其转换到笛卡儿坐标系：

$$\mathrm{var}\begin{bmatrix}\delta X\\ \delta Y\\ \delta Z\end{bmatrix}=R\cdot\begin{bmatrix}\mathrm{var}(\delta E) & 0 & 0\\ 0 & \mathrm{var}(\delta N) & 0\\ 0 & 0 & \mathrm{var}(\delta U)\end{bmatrix}\cdot R^{\mathrm{T}} \tag{5.9}$$

式中，R 为站心坐标系到地心坐标系的转换(雅可比)矩阵：

$$\begin{bmatrix}\delta X\\ \delta Y\\ \delta Z\end{bmatrix}=R\cdot\begin{bmatrix}\delta E\\ \delta N\\ \delta U\end{bmatrix} \tag{5.10}$$

2)只基于 SLR 技术的地心运动模型

为了提升地心运动观测质量，可在原有激光地球动力学卫星(laser geodynamics satellite，Lageos)观测的基础之上，增加低地球轨道(low earth orbit，LEO)卫星进行联合观测，此种策略与之前仅依靠 Lageos 进行地心观测的策略相比，虽然能提升地心运动的观测质量，但是 LEO 卫星的模型误差影响地心运动的计算精度，并且 GNSS 与 DORIS 技术对地心运动的解在抗模型误差方面较为薄弱(Seitz et al.,2014)。因此,在ITRF2014的地心运动建模中,最好只用SLR技术进行建模。但是SLR测站全球分布不合理的情况短期内难以改变,因此需要通过优化确定SLR地心的算法与模型、提升Lageos硬件质量等方法来进行SLR地心运动建模(傅彦博等,2017)。SLR、GPS、VLBI、DORIS的周期信号以振幅与相位的形式给出。

ITRF2014到ITRF2008的转换参数由127个测站(坐落于125个站点)进行观测计算,转换参数及其变化如表5.6所示。

表5.6　ITRF2014与ITRF2008之间的转换参数及其变化率

参数	T_1 /mm	T_2 /mm	T_3 /mm	D /10^{-9}	R_1 /mas	R_2 /mas	R_3 /mas
转换参数	1.6	1.9	2.4	−0.02	0.000	0.000	0.000
转换参数的误差	0.2	0.1	0.1	0.02	0.006	0.006	0.006
转换参数的变化率	0.0	0.0	−0.1	0.03	0.000	0.000	0.000
转换参数的变化率的误差	0.2	0.1	0.1	0.02	0.006	0.006	0.006

ITRF官网给出了用于测量计算ITRF2014与ITRF2008之间转换参数的站点,其中包含GPS测站89个、VLBI测站24个、SLR测站8个、DORIS测站2个。

ITRF2014解的结果包括地心运动与尺度的时间序列文件、测站位置残差序列以及结果文件。其中,前两者在ITRF网站上已经公布,可查到具体测站的序列图像;结果文件以SINEX的格式给出,各个技术都有自初始历元以来的测站坐标、速度和EOPs,目前还公布了每种技术的震后形变模型参数文件,使用CATREF国际格式,已可下载。

ITRF2014在ITRF2008的基础上,对原有的框架改正模型进行了优化,并且新增了一些框架改正模型,为以后实现更高精度的地球参考框架奠定了良好的基础;如今世界地震频发,ITRF2014新建立的震后形变模型为地震的预测与对板块运动的监测提供了保障,并且在地震后能在短期内通过扣除震后形变模型值校准测站坐标,有利于维持动态地球参考框架(Altamimi et al.,2016;傅彦博等,2017)。基于ITRF2014,我国能更好地更新CGCS2000中国大地坐标系,建立高精度控制网,更好地为世界的地球科学研究与应用服务。

第6章　卫星导航常用空间基准

大地测量的重要任务之一就是建立和维持一个地面坐标参考基准，为各种不同的测绘工作提供坐标参考基准。

经典大地测量参考基准是由18世纪末至20世纪中期所建立的天文大地网来维持的大地坐标框架。它是一种近似的三维参考系统，由二维的水平坐标系和通过正高加大地水准面差距（或正常高加高程异常）得到大地高的垂直坐标系组合而成，同时也是非地心的、区域性的、静态的参考系统。实际上，受测量技术和数据处理手段的制约，这些由天文大地网所建立的坐标参考框架存在着较大的内部误差和局部畸变，难以满足现代高精度长距离定位、精密测绘、地震监测预报和地球动力学研究等方面的需要。

20世纪50年代以来，随着空间定位技术的发展，特别是GPS技术的出现，使建立和维持一个基于空间观测技术的、长期稳定和具有较高精度的、动态的全球性或区域性坐标参考框架成为可能。本章的主要内容即是阐述全球卫星导航系统常用的空间基准以及我国常用的坐标系统。

6.1　IGS参考框架

IGS参考框架为IGS产品提供了一个稳定可靠的内部参考框架，截至2019年，IGS已发布了IGS96、IGS97、IGS00、IGb00、IGS05、IGS08、IGb08、IGS14等参考框架。与ITRF系列参考框架不同，这些参考框架仅基于GPS技术实现，保证了IGS产品的内部一致性。最新的IGS参考框架为IGS14，它与2016年发布的ITRF2014相一致。

IERS于2006年10月发布了ITRF2005，IGS随后发布了IGS05参考框架。该参考框架仅基于GPS的观测技术和数据建立，包括参考站坐标和线性速度，并使用赫尔默特转换使之与ITRF2005一致。与之前的IGS参考框架IGb00相比，其主要有以下改进：

(1)参考站的数量增加并且剔除了质量不好的测站，IGS05包括139个测站，与之前的版本IGb00相比，保留了其中89个测站，删去了10个测站，新加入了50个测站。

(2)与IERS发布的ITRF2005框架一致。

(3)采用了绝对天线相位中心改正，使尺度因子从±3.26ppb(IGb00 采用相对天线相位中心)提高到－0.41ppb，极大地提高了 IGS 尺度因子解的精度。2011年、2012 年发布的 IGS08 和 IGb08 参考框架与 ITRF2008 对齐，实现方法与 IGS05 相同(张西光，2009)。

IGS14 是 IGS 参考框架的最新实现，于 2017 年 1 月(第 1934 GPS 周)正式被 IGS 采用。IGS14 参考框架与 2016 年发布的 ITRF2014 对齐，并提供了相应的震后形变的产品。

6.2 GPS 坐标基准 WGS 84

从 20 世纪 60 年代开始，为建立全球统一的大地坐标系，美国国防部制图局建立了 WGS 60[WGS(World Geodetic System)译为世界大地测量系统]，随后又更新了改进的 WGS 66 和 WGS 72，并于 1984 年推出了 WGS 84 坐标系。WGS 84 坐标系是一个协议地球参考系，此外，WGS 84 还包括参考椭球、基本常数、地球重力场模型和全球大地水准面模型 Geodetic System(WGS)自 1987 年 1 月，GPS 卫星星历均采用 WGS 84，因此 GPS 网的测站坐标及测站之间的坐标差均属于 WGS 84(Michael et al.，2002；NGA，2014)。

6.2.1 WGS 84 的定义

类似于 BIH 定义的协议地球参考系，WGS 84 的定义可表示如下：

(1)WGS 84 是一个地心坐标系，地心定义为包括海洋和大气的整个地球的质量中心。

(2)WGS 84 的尺度单位是国际单位制米，即在引力相对论意义下局部地球框架内定义的米。

(3)WGS 84 的定向由 BIH1984.0 给出。

(4)WGS 84 的定向随时间的演化遵循相对于地壳不产生残余的全球性旋转。

WGS 84 坐标系是一个地心地固直角坐标系；Z 轴指向 IERS 参考极 IRP 方向，也即 BIH1984.0 定义的 CTP 方向(IRP 与 BIH1984.0 定义的 CTP 误差在 0.005as)；X 轴指向过原点与 Z 轴垂直的平面和 IERS 参考子午面的交点，也即指向 BIH1984.0 的零度子午面和协议地球极赤道的交点(参考子午面与 BIH1984.0 的零度子午面的误差在 0.005as)；Y 轴和 Z 轴、X 轴构成右手坐标系。图 6.1 给出了 WGS 84 的定义和调整，并且绘出了 WGS 84 椭球，椭球的几何中心和地球质心重合，椭球的旋转轴和 Z 轴一致。

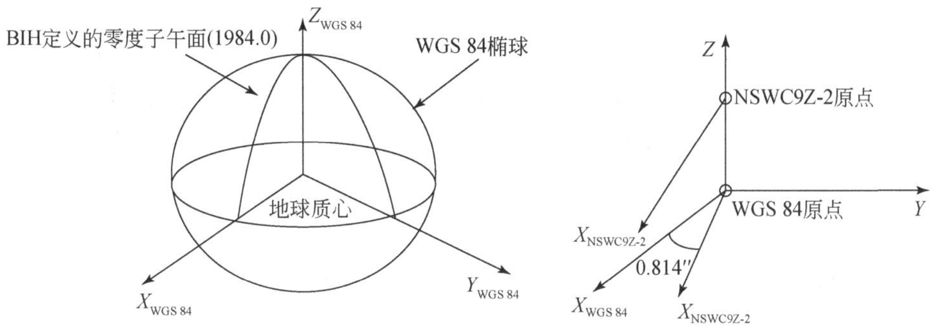

图 6.1　WGS 84 的定义(左)和调整(右)

6.2.2　WGS 84 的实现

实现一个地心坐标系与定义一个地心坐标系有很大的区别。一组全球分布点的三维直角坐标,隐含了一个正交笛卡儿坐标轴的原点、轴向和尺度参数。从实质上来说,一组测站坐标代表了一个参考框架的具体实现,测站坐标的改进则意味着参考框架的精化。

WGS 84 参考框架是由一组全球分布的监测站来实现的。早期组成 WGS 84 参考框架的监测站有美国国防部负责的 5 个监测站和美国空军负责的 5 个监测站。这 10 个监测站的地心直角坐标最初是由这些站对子午仪卫星系统多普勒观测的数据处理后得到的。子午仪卫星系统的卫星精密星历采用的是 NSWC9Z-2 参考系,因此由多普勒数据计算的 WGS 84 框架点的坐标也属于这一坐标系。为了使新建的 WGS 84 与 BIH 定义的 BTS84 一致,对由多普勒观测计算的 WGS 84 参考框架做了相应的调整,修正子午仪卫星精密星历坐标系 NSWC9Z-2 的原点和尺度变化,并旋转其零度子午面与 BIH 定义的零度子午面一致(图 6.1)。具体调整如下:WGS 84 原点在 Z 轴方向上低于 NSWC9Z-2 原点 4.5m;将 NSWC9Z-2 的尺度缩小 0.6×10^{-6};向西旋转 NSWC9Z-2 零度子午面(零度子午面为 X 轴) 0.814as。

6.2.3　WGS 84 椭球及相关常数

WGS 84 椭球采用国际大地测量与地球物理联合会第 17 届大会大地测量常数推荐值,没有采用二阶带球谐系数 J_2,而是采用 $\bar{C}_{2,0}$,其目的是保持和 WGS 84 的地球重力场模型(Earth gravity model,EGM)中表示的系数相一致。在计算 $\bar{C}_{2,0}=J_2/\sqrt{5}$ 时,采用 $J_2=1.08263\times10^{-3}$。这样计算的扁率为 $f=1:298.25722356$;而 GRS80

的扁率为 $f=1:298.25722210$。

由 WGS 84 椭球 4 个基本参数(a、GM、$\bar{C}_{2,0}$和 ω)导出了各种几何和物理常数的计算公式及结果,利用卫星多普勒观测数据、卫星激光测距数据、地面重力数据、卫星测高数据以及 GPS 观测数据,WGS 84 给出了完全到 180 阶次的地球重力场模型 WGS 84 EGM。利用这一模型还计算了全球大地水准面,它的平均精度为 2～6m。

6.2.4　WGS 84 的精化

一个参考框架建立起来之后,需要不断地进行精化和维持,以削弱地面台站受到地球系统各种因素的影响。WGS 84 也进行了几次精化,并发布了不同的实现版本,下面分别进行介绍。

1. WGS 84 精化的背景

1992 年,IERS 推荐的 $GM=3.986004418\times10^{-2}m^3/s^2$,利用这一数值计算的 GPS 轨道与利用 WGS 84 本身使用的 GM 值计算的 GPS 轨道在径向差 1.3m,这是由 GM 值的差异引起的。为了消除这一差异,美国国防制图局和美国空军部门决定采用 IERS 推荐的 GM 值用于 GPS 卫星轨道计算。1988～1994 年大量的研究结果表明:对同一点而言,用多普勒数据计算的点位大地高和用 GPS 数据计算的大地高有一个系统差异。为了消除这些差异,并建立与 ITRF 相一致的 WGS 84 参考框架,美国决定对其 WGS 84 参考框架进行精化,截至 2013 年底,共发布了 WGS 84(G730)等 5 个版本,“G”表示这些坐标是利用 GPS 技术求得的,“G”后面的数字是指精密星历推算开始采用新的站坐标时的 GPS 周;这 5 个版本分别为 WGS 84(G730)、WGS 84(G873)、WGS 84(G1150)、WGS 84(G1674)、WGS 84(G1762)。在采用的地球引力场模型方面,从 1987 年 1 月起,WGS 84 EGM 开始使用;1996 年 10 月,EGM96 模型被采用;同期使用的还有相对应的 WGS 84 的大地水准面模型。

2. WGS 84(G730)

美国国防部在美国海军水面武器中心(Navy Surface Weapons Center, NSWC)的帮助下,利用 1994 年 1 月 2 日到 1996 年 9 月 28 日所有的 GPS 观测数据,对组成 WGS 84 参考框架的最初 10 个监测站的地心坐标进行了精化。精化的方法是将 24 个 IGS 站的数据和 10 个监测站的数据同时进行处理,平差时将其中 8 个 IGS 站的坐标约束至它们的 ITRF91 坐标;计算时还利用 NNR-NUVEL1 模型将测站坐标归化到了同一历元。这次精化的实质就是将 WGS 84 纳入 ITRF91

参考框架。精化后的 WGS 84 取名为 WGS 84(G730)，数字 730 表示 UTC 时间 1994 年 1 月 2 日零点 GPS 星期数。这次精化后的 WGS 84 参考框架与 ITRF91 的一致性达到 10cm 水平。1996 年，美国国家影像与制图局(National Imagery and Mapping Agency，NIMA)再次更新 WGS 84 坐标框架，计算时将其中 13 个 IGS 站作为控制站，将其坐标约束到 ITRF94，历元为 1997.0，与 ITRF94 在 5cm 水平上一致。

3. WGS 84(G873)

WGS 84(G873)于 1997 年建立，由 NIMA 提供，数字 873 是 UTC 时间 1996 年 9 月 29 日零点 GPS 星期数，参考历元是 1997.0；考虑到板块运动，采用的是 NNR-NUVEL1A 无整体旋转地学模型。这次对 WGS 84 坐标系统重新进行数据处理时，采用 13 个 IGS 全球站作为控制站，其采用的坐标框架是 ITRF94。精化后的计算结果表明：基于 WGS 84 参考框架计算的 GPS 卫星的 NIMA 的精密星历与基于 ITRF94 的 IGS 精密星历的系统差不超过 2cm，WGS 84 与 ITRF94 地面点坐标分量的一致性在 5cm 水平，因此对于大多数精度要求低于厘米级的应用，WGS 84与 ITRF94 可以认为是同一参考框架。

与这次精化后 WGS 84 参考框架相对应的还有改进了的 EGM96 地球重力位模型，以及利用这一重力位模型和 WGS 84 椭球参数计算的全球大地水准面。EGM96 是在 NIMA、NASA/GSFC、OSU(the Ohio State University)和 NSWCDD (the Naval Surface Warfare Center Dahlgren Division)的联合下完成的。与最初的 WGS 84 EGM 相比，EGM96 在计算时增加了很多的地面重力测量数据和更多的卫星测量数据，这些卫星测量数据包括 GEOSAT、TOPEX/POSEIDON、Lageos、Lageos2、Ajisai、Starlette、Stella、GPSMET 和 GEOS-1 卫星观测数据。EGM96 是地球引力位球谐函数的表达式，它完全到 360 阶次，共有 130676 个系数。EGM96 大地水准面以 $15'\times15'$网格给出该网格的大地水准面高，其精度为$\pm(0.5\sim1.0)$m，这比最初实现的全球大地水准面精度有了很大的提高。

4. WGS 84(G1150)

2001 年 2 月，NIMA 利用其管辖的 11 个 GPS 永久性追踪站和美国空军的 5 个 GPS 永久性追踪站，再加上 IGS 在西班牙 Maspalomas 和中国北京房山 2 个站，共计 18 个站参与对 WGS 84(G1150)的精化。此外，为了精化和统一美国空军基地的坐标，计算时还加上美国空军基地等 8 个站一起参与计算，共计 26 个站，同时 IGS 的 49 个枢纽站的 GPS 数据以 ITRF2000 为坐标框架，参考历元取为 2001.0，采用 NIMA 精密星历，统一进行平差计算，以精化 WGS 84，精化后的标号为 WGS

84(G1150)。

由于数据质量的提高和处理方法的提升，WGS 84(G1150)的精度及与ITRF2000的一致性水平有了显著提高。WGS 84(G1150)各坐标分量的精度优于1cm(1σ)，而WGS 84(G730)和WGS 84(G873)分别为10cm和5cm。WGS 84(G1150)与ITRF2000在1cm的水平上符合，而WGS 84(G730)与ITRF92的一致性水平为10cm，WGS 84(G873)与ITRF1994在2cm的水平上符合(陈俊勇，2003)。

5. WGS 84(G1674)和WGS 84(G1762)

2010年5月，新的国际地球坐标框架ITRF2008被发布，由于采用了新的绝对天线相位中心，一些监测站站址进行了变更，为了维持WGS 84坐标框架的现势性，NGA采用软件GRAPE V4.3重新平差计算了WGS 84所有基准站的坐标。为了与ITRF2008更加靠拢，除了巴林和韩国的两个站，其他NGA站都采用ITRF2008框架的坐标值，坐标约束到ITRF2008(2005.0)，余下的站施加1.5m的先验约束，所有监测站的速度都采用这些站点(或周围站)ITRF2008速度，平差后点位精度优于±1cm，精化后的WGS 84称为WGS 84(G1674)，2012年2月正式被GPS控制中心使用。此外，考虑到地壳板块运动的影响，在GPS广播星历生成中，每年6月利用站速度更新监测站的坐标，以消除板块运动的影响。同时要求，在地震等特殊情况下，应实时更新监测站坐标(曾安敏等，2015)。

2013年10月16日发布的WGS 84(G1762)与参考框架ITRF2008对准，参考历元为2005.0，并且各坐标分量的精度优于1cm(1σ)。之后，由于部分监测站站址变更、天线更换等，NGA对这些监测站的坐标进行了更新，并将更新后的成果标记为WGS 84(G1762′)(Stephen et al.，2016；Stephen，2018)。表6.1给出了历次WGS 84实现所对应的启用时间、精度及对应的参考框架等信息(徐世依，2017)。

表6.1 WGS 84坐标框架的实现情况

名称	启用时间	精度/cm	参考框架
WGS 84(G730)	1994年6月29日	10	ITRF94(1997.0)
WGS 84(G873)	1997年1月29日	5	ITRF96(1997.0)
WGS 84(G1150)	2002年1月20日	<1	ITRF2000(2001.0)
WGS 84(G1674)	2012年2月8日	<1	ITRF2008(2005.0)
WGS 84(G1762)	2013年10月16日	<1	ITRF2008(2005.0)

由表6.1可以看出，从2002年开始，WGS 84参考框架的整体精度都已经优于1cm，而且与国际地球参考框架ITRF一样，WGS 84参考框架在维持时也要考虑地心

运动、非潮汐大气载荷、地震、板块运动等诸多因素的影响。随着 WGS 84 参考框架的不断更新，其实现的精度会逐渐提高，与 ITRF 间的差异也会越来越小。

6.3　GLONASS 坐标基准 PZ-90

PZ-90 坐标系是俄文 parametry zemli 90 的简写，英文为 parameters of the earth90，因此有时也简称为 PE-90。该坐标系是在利用俄罗斯境内的地面网与空间网联合平差后建立的，用来取代苏联的 1985 年地心坐标系（1985 sovit geodetic systern，SGS-85）。俄罗斯的 GLONASS 于 1993 年由 SGS-85 坐标系改为 PZ-90 坐标系（IAC PNT，2014）。

PZ-90 坐标系的定义与 ITRS 一致。坐标原点位于地球质心，空间直角坐标系的 Z 轴指向 IERS 推荐的协议地极原点，X 轴指向地球赤道与 BIH 定义的零子午线的交点，Y 轴与 X 轴、Z 轴构成右手坐标系。

PZ-90 坐标系对应椭球的基本常数为：长半轴 $a=6378136\text{m}$；地球引力场二阶带谐系数 $J_2=1.0826257\times10^{-3}$；万有引力常数 $\text{GM}=3.9860044\times10^{14}\text{m}^3/\text{s}^2$；地球自转角速度 $\omega=7.292115\times10^{-5}\text{rad/s}$。

PZ-90 坐标系由地面 26 个点的地心坐标实现，这些点的地心坐标由这些站对 Geo-IK 卫星的多普勒、激光测距、卫星测高以及对 GLONASS 和 Etalon 卫星的微波、激光观测数据用卫星大地测量方法计算得到，点位地心坐标精度为 1～2m。这 26 个点包括了 GLONASS 的地面监测站。

PZ-90 采用的与坐标系定义有关的常数如下：

(1)地球自转速率为 $7.292115\times10^{-5}\text{rad/s}$。

(2)万有引力常数为 $3.9860044\times10^{14}\text{m}^3/\text{s}^2$。

(3)大气引力常数为 $0.35\times10^{9}\text{m}^3/\text{s}^2$。

(4)真空光速为 299792458m/s。

(5)地球引力场球谐函数二阶带谐系数 J_2 为 1.082×10^{-3}。

(6)参考椭球半长轴为 6378136m。

(7)参考椭球扁率为 1/298.257。

(8)赤道引力加速度为 978032.8mgal。

(9)大气引起的海平面重力加速度改正为－0.9mgal。

由于测轨跟踪站采用坐标值存在不可避免的误差，其所定义或使用的坐标系统与 ITRF 系统或 WGS 84 系统均存在差异。有学者利用欧洲的 6 个站以 GPS/GLONASS 接收机测定了 PZ-90 与 ITRF 坐标系统间的变换关系，在测定中假定 ITRF 坐标系与 WGS 84 坐标系是一致的。统计结果为 PZ-90 与 ITRF 间不存在平移，坐标轴指向仅存在绕 Z 轴的旋转：

$$\begin{bmatrix} X \\ Y \\ Z \end{bmatrix}_{\text{WGS-84}} = \begin{bmatrix} 1 & -1.6\times10^{-6} & 0 \\ -1.6\times10^{-6} & 1 & 0 \\ 0 & 0 & 1 \end{bmatrix} \begin{bmatrix} X \\ Y \\ Z \end{bmatrix}_{\text{PZ-90}} \tag{6.1}$$

据此，在赤道上变换前后的偏移量约为 10m。

显然，在局部地区（欧洲）的少量点上测定的结果在精度和适用范围上都有不足之处，在全球范围众多点上测定的转换参数更具代表性。

麻省理工学院林肯实验室的学者采用了不同的方法测定 WGS 84 和 PZ-90 间的变换参数。他们从 GLONASS 发播的广播星历获取卫星在 PZ-90 坐标系的位置，同时采用全球卫星跟踪站和雷达跟踪网获取卫星在 WGS 84 坐标系的位置，以此求出坐标变换参数。统计获得的坐标变换参数为

$$\begin{bmatrix} X \\ Y \\ Z \end{bmatrix}_{\text{WGS-84}} = \begin{bmatrix} 0 \\ 2.5 \\ 0 \end{bmatrix} + \begin{bmatrix} 1 & -1.9\times10^{-6} & 0 \\ -1.9\times10^{-6} & 1 & 0 \\ 0 & 0 & 1 \end{bmatrix} \begin{bmatrix} X \\ Y \\ Z \end{bmatrix}_{\text{PZ-90}} \tag{6.2}$$

上述两组不同方法所得到的坐标变换参数之间的差异不超过 5m，对于导航，可以认为是可用的(郝金明等，2015)。随着时间的推移，还可能出现精度更高、代表性更好的坐标变换参数。

PZ-90 参考框架的实现情况如表 6.2 所示。从表中可以明显地看到，与 ITRF、WGS 84 及 IGS 参考框架相比，PZ-90 参考框架的更新速度比较慢。改进的坐标系统 PZ-90.02 于 2007 年 9 月正式用于 GLONASS。新定义的 PZ-90.02 坐标系对相应椭球的地球引力常数 GM 修订为 $398600.4418\times10^9 \text{m}^3/\text{s}^2$。目前，GLONASS 广播星历中的卫星天线相位中心的位置是 PZ-90.02 坐标系坐标，IGS 日常监测 GLONASS 广播星历与 ITRF 的联系，包括尺度变化与转换关系的建立。PZ-90.02 坐标系与美国定义和维持的 WGS 84 坐标系在各个方向上的差异小于 40cm。

表 6.2 PZ-90 参考框架的实现情况(Igor，2019)

参考框架	启用时间	参考历元	绝对精度	相对精度
PZ-90	1990	—	1～2m	0.3～0.5m
PZ-90.02	2007	2002.0	0.3～0.5m	2～3cm
PZ-90.11	2011	2010.0	5cm	0.5～1cm

PZ-90 坐标系目前的更新版本为 PZ-90.11。2011 年发布的 PZ-90.11 与 ITRF2008 兼容，参考历元为 2010.0。PZ-90.11 更新了与 ITRF、WGS 84 等参考框架的转换参数；框架的整体精度有了较大提升。2014 年 1 月，GLONASS 开始

将 PZ-90.11 作为其大地参考基准，这使得 GLONASS 星历精度提高了近 30%（IAC PNT，2014；Igor，2019）。

6.4　伽利略地球参考框架

Galileo 系统是欧洲的卫星导航系统，该系统与目前广泛使用的 GPS 相比，在技术、功能和服务领域上均具有领先优势。该系统建成之后，欧洲将拥有自己的卫星导航定位系统。

Galileo 系统作为一个全球性的卫星导航定位系统，需要一个与之相匹配的国际地球参考框架，伽利略地球参考框架（Galileo terrestrial reference frame，GTRF）正是基于这一背景建立。高精度、稳定的 GTRF 的实现是伽利略所有最基本的产品和服务的基础，它由伽利略大地测量服务原型（Galileo geodetic service prototype，GGSP）负责定义、建立、维持和精化。GTRF 不仅要服务于伽利略核心系统，同时也要服务于伽利略用户部分。

GTRF 符合 ITRS 的定义，遵从 IERS2003 协议的相关标准，并与 ITRF 对准，它的维持主要基于 GTRF 周解。除 GTRF 外，GGSP 还提供地球自转参数、卫星轨道、卫星和测站钟差改正等产品。初始实现的 GTRF 网由以下三部分组成：18 个伽利略传感器站（Galileo sensor station，GSS）（在 GSS 运行前等效于 IGS 站）、45 个 IGS 站和 10 个并置了 SLR 技术的 IGS 站。初始实现的 GSS 的位置和速度是用 GPS 观测值确定的，后续的 GTRF 将由使用 GPS/Galileo 数据逐步过渡到只使用 Galileo 数据（Gendt et al.，2011）。自 2013 年 4 颗 Galileo 卫星组网并开始提供导航服务，GTRF 每年都会发布新的版本并进行 2 或 3 次更新。例如，GTRF 于 2016 年 1 月发布了 GTRF16v01，它是由自 2006 年起的 278 个 GTRF 周解（时间跨度为 9.2 年）联合解算实现的，共包含 111 个站址的 163 个测站，通过位于 59 个站址的 83 个 IGS/ITRF 测站与 ITRF2008 严格对准来实现。GTRF18v01 通过累积（严格堆叠）1166 年的 406 个 GTRF 的周解联合解算实现，包括位于 111 个站址的 193 个台站，并采用 63 个站点中的 83 个 IGS/ITRF 的并置站，通过 IGS14 使用最小约束的方法与 ITRF2014 来对齐（Gendt et al.，2011；Werner，2016，2018）。

6.5　2000 中国大地坐标系

参考框架已经从最初局部的、参心的、静态的、百米量级的参考框架发展到现在基于空间观测技术获得的全球的、地心的、动态的、厘米级甚至毫米级的、不断精化的参考框架。各种地心参考框架一般都采用 IERS 标准，是 ITRS 的一个实现。

由 IERS 负责实现和维护的 ITRF 是目前应用最广泛、精度最高的参考框架。GPS、GLONASS、Galileo 全球卫星导航系统也建立了基于自身观测数据的地心参考框架作为各自产品的基础。此外,各国逐步建立了自己的区域地心参考框架,以满足各种应用。我国在相当长的一段时间内,一直采用北京 54 和西安 80 参心坐标系,可利用的地心坐标框架只有 2003 年建立的 2000 国家大地控制网。2000 国家大地控制网代表了我国地球参考框架的最高水平,将为国民经济发展做出重大贡献。它也存在一些不足,为了达到国际先进水平,必须要有进一步的提高,首先它只是一个静态的地心参考框架,其次测站分布仅限于我国及周边地区,而且 2000 国家大地控制网依赖 GPS 技术,不具有独立自主性。我国在地心参考框架的建立和维持方面的理论和经验严重不足,急须借鉴国外相关研究和先进技术。我国未来地心参考框架的建立应该符合 ITRS 的定义,采用 IERS 的相关模型和常数。因此,以 IERS 协议和相关产品为基础深入研究,进而掌握参考框架建立和维持的关键问题显得尤为重要。

根据 2013 年 12 月发布的北斗卫星导航系统空间信号接口控制文件,北斗导航系统的大地基准采用 2000 中国大地坐标系(China geodetic coordinate system 2000,CGCS2000)(中国卫星导航系统管理办公室,2013)。CGCS2000 是我国的国家大地坐标系,2008 年开始正式实施。在北斗系统建设的早期阶段,CGCS2000 曾经发挥了积极作用。但是随着时间的推移,魏子卿等(2019)发现,将北斗系统的大地基准与国家大地坐标系捆绑在一起是不适当、不切实际的,对北斗系统的长远发展也是不利的。从长远观点来看,一个卫星导航系统应该采用属于自己的独立大地基准(魏子卿,2013),GPS、GLONASS 及 Galileo 均是如此,北斗卫星导航系统独立于国家大地坐标系,采用自己的专用坐标系,当属正确决策。于是,魏子卿等(2019)提出了北斗坐标系。2017 年 12 月,中国卫星导航系统管理办公室发布的《北斗卫星导航系统空间信号接口控制文件公开服务信号 B2a(1.0 版)》正式规定,北斗卫星导航系统采用专用坐标系——北斗卫星坐标系(BeiDou coordinate system,BDCS)(中国卫星导航系统管理办公室,2017),坐标系定义符合 IERS 规范,采用 CGCS 2000 的参考椭球参数,对准于最新的 ITRF,每年更新一次(魏子卿等,2019)。BDCS 目前还处于建立和完善阶段,下面给出 CGCS2000 的历史背景、定义和实现。

6.5.1 CGCS2000 的历史背景

2008 年 7 月,中国推出了新一代的大地基准——CGCS2000,并启用该坐标系的定义及其采用的大地测量基本常数。CGCS2000 是一个高精度的地心坐标系,涵盖全部陆海国土,并且具有方便用户的测站密度和分布,由全球卫星导航系统国家级连续运行站网和国家高精度大地控制网两部分组成。

2000 国家 GPS 大地网与该网联合平差后的全国天文大地网和 2000 国家重力基本网统称为“2000 国家大地控制网”。原国家测绘局、原总参测绘局和中国地震局等部门在 20 世纪 90 年代先后建成了国家高精度 GPS A、B 级网，全国 GPS 一、二级网和全国 GPS 地壳运动监测网三个全国性 GPS 网，共计 2600 多个点。这三个 GPS 网由于布设的需求不同，其布网原则、观测纲要、实施年代和测量仪器都有所不同；这三个 GPS 网的数据处理，如所选取的作为平差基准的 IGS 站、历元、坐标框架和平差方法也不尽相同。因此，必须统一三个网的基准，进行整体平差，从而建立我国统一的、可靠的、高精度的 2000 国家 GPS 大地网，作为实现我国高精度地心三维坐标系统的基础。选用的坐标框架和历元分别为 ITRF97 和 2000.0，采用最小二乘、抗差估计和方差分量估计相结合的数据处理策略，并通过在子网的处理中引入尺度和坐标旋转因子来消除板块变形的影响。结果表明，2000 国家 GPS 大地网的平均点位坐标精度优于 3cm。不同于“北斗一号”使用的 BJ54 坐标系，CGCS2000 是三维地心坐标系，它的定义及椭球参数更符合国际标准，椭球定位、定向更明确，测量精度更高，数据处理方法更科学，能够更精确地表达空间位置信息，更好地服务于北斗系统(陈俊勇，2008；吕志平等，2012；党亚民等，2015)。近年来，为保持 CGCS2000 框架的高精度和现势性，我国开展了 CGCS2000 框架精化工作，获得了框架点精确坐标和速度值，并构建了中国大陆格网速度场模型(陈俊勇等，2009；程鹏飞等，2014，2017，2018)。

2000 国家大地控制网的建立为全国三维地心坐标系统提供了高精度的坐标框架，为全国提供了高精度的重力基准。然而，CGCS2000 参考框架的建立基于 GPS 技术，对国外技术的依赖性较强，不具备独立自主性，而且 CGCS2000 是一个静态的参考框架，不满足现代地心参考框架动态性的要求。

6.5.2　CGCS2000 的理论定义

CGCS2000 的理论定义符合 ITRS 的要求，下面分别给出其协议标准和定义。

1. CGCS2000 的协议标准

CGCS 2000 是一个协议地球参考系。这一坐标系的定义符合 IERS 对国际地球参考系统的标准。

(1)原点：在包括海洋和大气的整个地球的质量中心。

(2)尺度：长度单位为国际单位制米，这一尺度与地心局部框架的 TCG 时间坐标一致。

(3)定向：初始由 1984.0 时 BIH 定向给定。

(4)定向时间演化：由整个地球水平构造运动 No-Net-Rotation 的条件得到。

2. CGCS 2000 的定义

CGCS 2000 的原点与三轴的指向定义如图 6.2 所示。
(1)原点在地球质心。
(2)Z 轴指向 IERS 的 IRP 方向。
(3)X 轴为 IERS 参考子午面与过原点且同 Z 轴正交的赤道面的交线。
(4)Y 轴与 Z 轴和 X 轴构成右手坐标系。

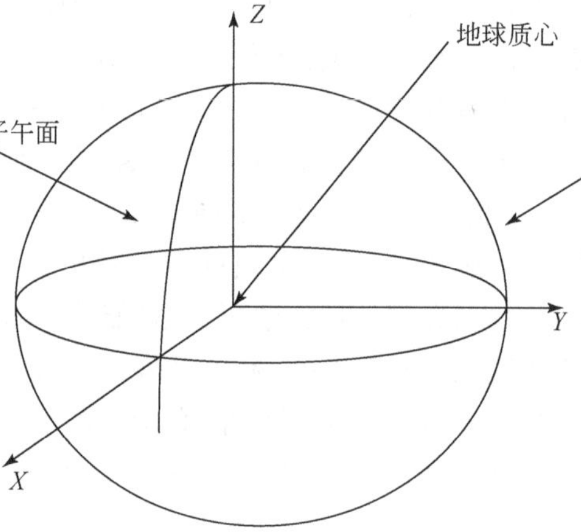

图 6.2 CGCS2000 坐标系定义

6.5.3 CGCS2000 参考椭球的定义

1. 参考椭球的定义常数

参考椭球的定义常数如下所示：
(1)地球赤道半径 $a=6378137\text{m}$。
(2)地球(包括大气)的地心引力常数 $\text{GM}=3.986004418\times10^{14}\text{m}^3/\text{s}^2$。
(3)地球的动力形状因子 $J_2=1.082629832258\times10^{-3}$。
(4)地球旋转角速度 $\omega=7.292115\times10^{-5}\text{rad/s}$。

2. 替换定义常数

前面一组常数与下面一组常数在理论上是等价的，而且在数值上与所给小数位是一致的。

(1)地球赤道半径 $a=6378137$m(GRS80 椭球长半轴)。

(2)扁率 $f=1:298.257222101$(GRS80 椭球扁率)。

(3)地心引力常数 $GM=3.986004418\times10^{14}\mathrm{m^3/s^2}$。

(4)旋转速度 $\omega=7.292115\times10^{-5}\mathrm{rad/s}$。

数值计算表明,这两组常数对于同一地面点在 CGCS2000 坐标系和 WGS 84 坐标系的大地坐标之差,最大不超过 0.0001m,证明这两组常数是等价的(魏子卿,2008)。

3. 导出几何常数公式

首先根据下列三个基本方程

$$e^2=3J_2+\frac{4}{15}\frac{\omega^2a^3}{\mathrm{GM}}\frac{e^3}{2q_0}$$

$$2q_0=\left(1+\frac{3}{e'^2}\right)\arctan\left(e'-\frac{3}{e'}\right)$$

$$e'=\frac{e}{\sqrt{1-e^2}}$$

通过迭代计算子午椭圆第一偏心率 e,然后计算子午椭圆第二偏心率、扁率、短半径、线偏心率、1/4 子午线弧长、椭球表面积、椭球体积、与椭球同面积的球半径、与椭球同体积的球半径等。

4. 导出物理常数公式

正常位:$U_0=\frac{\mathrm{GM}}{E}\arctan e'+\frac{1}{3}\omega^2a^2$。

引力位 :$V=\frac{\mathrm{GM}}{r}\left[1-\sum_{n=1}^{\infty}J_{2n}\left(\frac{a}{r}\right)^{2n}P_{2n}(\cos\theta)\right]$。

二阶以上位系数:$J_{2n}=(-1)^{n+1}\frac{3e^{2n}}{(2n+1)(2n+3)}\left(1-n+5n\frac{J_2}{e^2}\right)$。

赤道和两极重力:$\gamma_e=\frac{GM}{ab}\left(1-m-\frac{m}{6}\frac{e'q'_0}{q_0}\right)$,$\gamma_p=\frac{GM}{a^2}\left(1+\frac{m}{3}\frac{e'q'_0}{q_0}\right)$。

其他的还有重力扁率、地球质量等。

6.5.4 CGCS2000 的实现

CGCS2000 的定义与 ITRS 的定义一致,它的实现分两步完成:第一步,通过中国地壳运动观测网络,全国 GPS 一、二级网,国家 GPS A、B 级网和地壳运动监测网等在 ITRF97 框架内进行联合平差,得到约 2600 个 GPS 大地点在历元 2000.0 的一致坐标;第二步,通过处理中国地壳运动观测网络的 10 年观测数据,得到该网络 1070 个站的速度，进而用这些站的速度内插出其余约 1500 个非该网络点的速度，从而得到 CGCS2000 全部框架点的速度场（魏子卿等，2011）。CGCS 2000 框架与 ITRF 框架、WGS 84 可以相互转换。由于 ITRF 是综合了 VLBI、SLR、GNSS、DORIS 等多种空间大地测量观测数据经联合平差得到的，CGCS 2000 采用的是 ITRF97 的框架，具有很高的精度，但需要随着时间变化进行更新（程鹏飞等，2019）。

6.6 其他区域地心参考框架

ITRF 是基于 VLBI、LLR、SLR、GPS 和 DORIS 等空间观测技术建立起来的全球地球参考框架，ITRF 提供了一个全球统一的、地心的、三维的和动态的高精度地面坐标参考基准。ITRF 在全球范围的精密定位、地壳形变监测、地球动力学研究以及建立精密数字地球等领域得到了广泛应用。ITRF 是一个全球性的坐标参考框架，其框架点的分布密度还不能满足区域大地测量应用的要求，因此 20 世纪 80 年代后期以来，一些国家和地区通过大尺度的高精度 GPS 会战网建立区域性的与 ITRF 一致的局部三维大地坐标参考基准。

澳大利亚、欧洲、北美等发达国家和地区都相继建成了地心参考框架。北美早在 1986 年就完成了北美大地坐标系 NAD83 的建立（Christopher，2005）。EUREF、南美洲参考框架及非洲地心坐标参考框架都是洲级坐标系，它们是区域性的地心坐标系。

ITRF 在欧洲的测站称为欧洲地球参考框架（European terrestrial reference frame，ETRF），它是 ITRF 全球框架的一部分，但其密度远远不能满足欧洲大地坐标基准的需要。1989 年，欧洲通过一次大规模的 GPS 会战（接近 100 个测站），并采用 ETRF89（ETRF 框架，1989.0 历元）的站坐标作为固定基准站，将包括 ETRF 站在内的 EUREF89 会战网进行联合处理，建立了欧洲 89 参考框架 EUREF89，EUREF89 是与 ITRF 相容的区域地球参考框架。

澳大利亚利用高精度 GPS 测量并建立了 1994 澳大利亚地心坐标基准（geocentric datum of Australia 1994，GDA94），它包括澳大利亚的基准网和国家网，该基准与 ITRF92 框架、1994.0 历元的基准一致。在澳大利亚"空间数据基础设施"的计划中，GDA94 已作为其地理信息的坐标参考基准而使用（Featherstone et al.，2006，2011）。

NGS 计划通过高精度的 GPS 测量计算 ITRF 框架下的国内测站坐标。20 世纪末这类测站数已达到 2000 多个，这一数目最终将达到 7000 个。对于这些测站，NGS 还给出它们在 ITRF 框架下的预报速度场，对于具有足够多起观测的测站，则给出其实测的速度场。在 NGS 提供的测站坐标成果中，将同时提供该点在 1983 北美基准(North American datum of 1983，NAD83)下的坐标以及 ITRF 坐标和速度场两套成果，并注明“该点的 ITRF 坐标和速度场可用”。1996 年 11 月以后，在 NGS 所发布的数据已经包含了测站的 ITRF 坐标，并正式投入使用。

我国周边国家大地坐标系的建设也取得了长足进展。从 2000 年 4 月起，日本启用新的大地基准 JGD2000，该系统采用 ITRS 的定义，历元为 1997.0；蒙古建立了新的大地坐标框架 MONREF97，该系统与 WGS 84 基本一致；韩国于 1998 年推出了地心坐标系统 KGD2000，历元为 2000.0；新西兰建立了 NZGD2000.0，马来西亚建立了 NGRF2000。目前，国际上多数发达国家和地区都已着手将传统局部大地坐标基准向全球统一的地心坐标基准过渡，其主要手段均基于空间大地测量技术，如 VLBI、SLR 和 GPS，其中利用 GPS 连续运行站建立地心坐标框架最为普遍。在此基础上，将局部或区域传统地面大地控制网纳入其中，进行联合处理，获得其高精度、高密度的控制点地心坐标。

6.7　我国常用的坐标系统

在我国，CGCS2000 建立之前，常用的参心坐标系有 1954 年北京坐标系、1980 年国家大地坐标系和 1954 年北京坐标系(整体平差转换值)，地心坐标系有 DX-1 地心坐标系和 DX-2 地心坐标系。

6.7.1　1954 年北京坐标系

1954 年，原总参谋部测绘局采取先将我国一等锁与苏联一等锁相连接，然后以连接处呼玛、吉拉林、东宁基线网扩大边端点的苏联 1942 年普尔科沃坐标系的坐标为起算数据，平差我国东北及东部一等锁，这样推算来的坐标系定名为 1954 年北京坐标系。它与 1942 年普尔科沃坐标系有一定的关系，但又不完全相同，如大地点高程是以 1956 年青岛验潮站求出的黄海平均海水面为基准的，高程异常是以苏联 1955 年大地水准面重新平差结果为起算值，按我国天文水准路线推算出来的。

1954 年北京坐标系属于参心坐标系：

(1)采用的是克拉索夫斯基椭球参数，长半轴 $a=6378245\text{m}$，扁率 $f=1:298.3$。

(2)多点定位，η_k、ξ_k 由 900 个点(在苏联境内)按 $\sum_{i=1}^{900}[(\eta-\eta_k)^2+(\xi-\xi_k)^2]=\min$ 解得。

(3)N'_k 由 43 个点(在苏联天文大地网中均匀选取)取 $\sum_{i=1}^{43} N'^2_i$ 的最小值解得；

参考椭球定向时令 $\varepsilon_x=\varepsilon_y=\varepsilon_z$；大地原点是苏联的普尔科沃。

(4)大地点高程是以 1956 年青岛验潮站求出的黄海平均海(水)面为基准的。

(5)高程异常是以苏联 1955 年大地水准面重新平差结果为起算值，按我国天文水准路线推算出来的；提供的大地点成果是局部平差结果。

1954 年北京坐标系存在以下问题：

(1)克拉索夫斯基椭球较现代精确椭球大。

(2)只涉及两个几何性质的椭球参数(a 和 f)，满足不了如今理论研究和实际工作中所需四个地球椭球基本参数的要求。

(3)处理重力数据时采用的是赫尔默特 1901～1909 年正常重力公式，与之相应的赫尔默特扁球不是旋转椭球，它与克拉索夫斯基椭球是不一致的。

(4)对应的参考椭球面与我国大地水准面存在自西向东明显的系统性倾斜，在东部地区高程异常，最大达到 65m，全国范围平均为 29m。

(5)椭球定向不明确，椭球短轴的指向既不是 CIO，也不是我国地极原点(JYD1968.0)。

(6)起始子午面不是 BIH 所定义的格林尼治平均天文台子午面，给坐标换算带来一些不便和误差。

(7)坐标系未经整体平差而仅是局部平差成果，点位精度不高。

1954 年北京坐标系在全国的测绘生产中发挥了巨大作用。150000 个国家大地点以及 80000 个军控点和炮控点、测图控制点均按此坐标系统计算。以 1954 年北京坐标系为基础的测绘成果和文档资料，已渗透到经济建设和国防建设的许多领域，特别是用它测制的 1∶50000 及 1∶100000 比例尺地形图的任务已经完成，1∶10000 比例尺地形图也在相当范围内得以完成。几十年来，我国按 1954 年北京坐标系完成了大量的测绘工作，测制了各种比例尺地形图，在国家经济建设和国防建设的各个领域发挥了巨大作用(吕志平等，2010)。我国“北斗一号”卫星导航系统采用的就是 1954 年北京坐标系，高程系统采用 1985 国家高程基准(焦文海，2003)。

6.7.2　1980 年国家大地坐标系

1980 年国家大地坐标系也称为 1980 年西安坐标系，它也是大地测量参考坐标系，大地原点设在我国中部——陕西省泾阳县永乐镇。它选用国际大地测量学与地球物理学联合会 1975 年推荐的椭球参数作为参考椭球；全国均匀选取 922 个点，按高程异常均方和为最小确定坐标系原点；椭球短轴指向平行于 JYD(1968.0 地极原点)极轴，首子午面指向平行于平格林尼治天文台子午面。1980 年国家大地坐标系由全国约 50000 个点进行整体平差来确定。

1978年4月在西安召开了全国天文大地网整体平差会议，参加会议的80位专家学者对建立我国新的大地坐标系做了充分的讨论和研究，认为1954年北京坐标系在技术上存在椭球参数不够精确、参考椭球面与我国似大地水准面符合较差等缺点，因此有必要建立我国新的大地坐标系。

1980年国家大地坐标系属参心坐标系：

(1)采用既含几何参数又含物理参数的四个椭球基本参数。数值采用1975年IUGG第16届大会的推荐值，多点定位。

(2)在我国按$1^\circ \times 1^\circ$间隔，均匀选取922个点，组成弧度测量方程，按$\sum_{i=1}^{922} \xi_i^2 = \min$求得大地原点上的$\xi_k$、$\eta_k$、$\zeta_k$，$\xi_k = -1.9''$、$\eta_k = -1.6''$、$\zeta_k = -14.0\text{m}$。

(3)定向明确，即地球椭球短轴平行于由地球质心指向地极原点JYD1968.0方向，起始大地子午面平行于我国起始天文子午面，$\varepsilon_x = \varepsilon_y = \varepsilon_z$。

(4)大地原点在我国中部，即陕西省泾阳县永乐镇，在西安市以北60km，简称西安原点。

(5)大地点高程以1956年青岛验潮站求出的黄海平均海(水)面为基准。

1980年国家大地坐标系建立后，用它计算了全国天文大地网整体平差48433个点的成果。同时带来了一些新问题，原来的各种有关地球椭球参数的用表均要做相应的变更；低等点要重新平差，编纂新的三角点成果表；地形图图廓线和方里线位置均要重新绘制(吕志平等，2010)。

6.7.3 1954年北京坐标系(整体平差转换值)

1954年北京坐标系(整体平差转换值)用BJZ_{54}表示，是由1980年国家大地坐标系派生得来的。前者是在后者的基础上，改变IUGG1975年椭球至克拉索夫斯基椭球，通过在空间三个坐标轴上进行平移而来的。因此，其坐标值仍体现了整体平差的特点，其坐标轴和1980年国家大地坐标系坐标轴相互平行，因此它的定向明确。

三种参心坐标系的关系可以形象地用图6.3表示。在1980年国家大地坐标系定位时，略去ε_x、ε_y、ε_z，按$\sum_{i=1}^{922} \xi_{i1980}^2 = \min$条件，可解得定位元素值$\Delta X_0$、$\Delta Y_0$、$\Delta Z_0$。图6.3中显示的$\Delta X_0$即为其中的一个元素。

由图6.3可知，1954年北京坐标系(整体平差转换值)是通过将1980年国家大地坐标系中采用的IUGG1975年椭球参数变换至克拉索夫斯基椭球参数后，在空间平移后的一种参心坐标系，其平移量为1980年国家大地坐标系定位参数ΔX_0、ΔY_0、ΔZ_0(本身有正负)的值取反，即

$$X_{\text{BJZ54}} = X_{\text{GDZ80}} - \Delta X_0, \quad Y_{\text{BJZ54}} = Y_{\text{GDZ80}} - \Delta Y_0, \quad Z_{\text{BJZ54}} = Z_{\text{GDZ80}} - \Delta Z_0$$

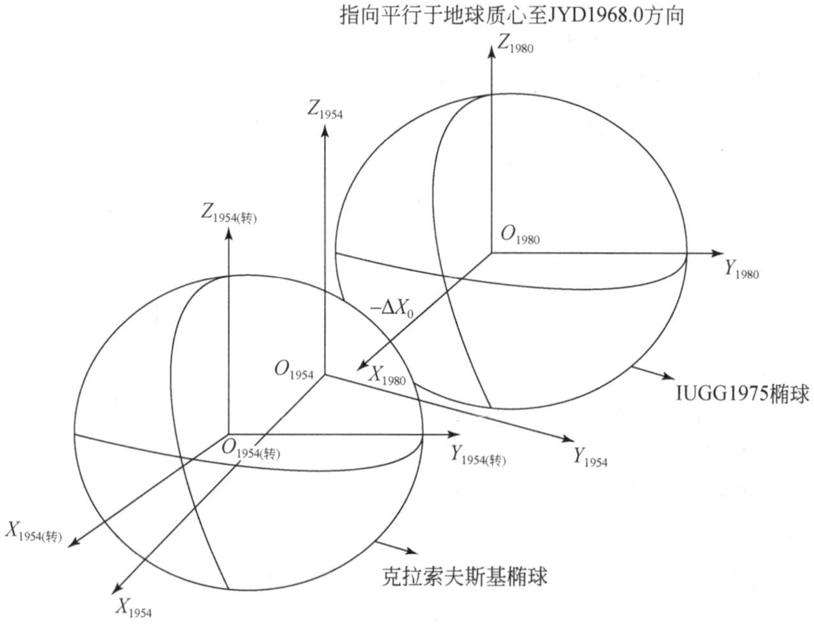

图 6.3 我国三种参心坐标系的关系

6.7.4 地心一号坐标系

1954 年北京坐标系与 1985 国家高程基准在国家经济建设、国防建设及科学技术领域曾发挥重要作用。但是,随着形势的发展,这种二加一维的测绘基准体系已经越来越不能满足经济建设和国防建设的需要。20 世纪 70 和 80 年代,为满足远程武器发射和航天工程需要而研究确定的地心一号(DX-1)、地心二号(DX-2)坐标系及其转换参数基本上满足了当时武器技术和航天工程对部分点位地心坐标的需求(焦文海,2003)。

DX-1 地心坐标就是利用 1954 年北京坐标系与地心坐标系间定名为 DX-1 的三个平移参数,即$(X_0,Y_0,Z_0)_{DX\text{-}1}$,通过 1954 年北京坐标系坐标换算得到的地心坐标。DX-1 地心坐标转换参数是 1978 年 11 月在有关会议上确定的,它是五种建立地心坐标系方法的综合结果。这五种方法是:应用天文重力法建立地心坐标系;应用全球天文大地水准面差距建立地心坐标系;应用天文大地水准面与重力大地水准面差距之差建立地心坐标系;应用 MX-702A 等多普勒接收机建立地心坐标系;应用 CMA-722B 多普勒接收机建立地心坐标系;分别赋予五种方案不同的权重,$P_1=1$,$P_2=P_3=P_4=4$,$P_5=6$,取权重数得 DX-1 三个平移转换参数,即

$$(X_0)_{\text{DX-1}}=\frac{1}{19}[(X_0)_1+4(X_0)_2+4(X_0)_3+4(X_0)_4+6(X_0)_5]$$

$$(Y_0)_{\text{DX-1}}=\frac{1}{19}[(Y_0)_1+4(Y_0)_2+4(Y_0)_3+4(Y_0)_4+6(Y_0)_5]$$

$$(Z_0)_{\text{DX-1}}=\frac{1}{19}[(Z_0)_1+4(Z_0)_2+4(Z_0)_3+4(Z_0)_4+6(Z_0)_5]$$

DX-1 地心坐标系的缺点是：坐标轴指向不一致，总地球椭球大小不一，使用的资料和数据不广泛、不精确，处理方法不完备，精度不够高。据估计，所得地心坐标任一分量中误差在±(6～10)m。

6.7.5　地心二号坐标系

有关部门在 1987 年 5 月成立了 DX-2 数据综合处理领导小组。1988 年底，完成了 DX-2 转换参数的工作。DX-2 转换参数是按三种方法建立地心坐标参数的综合结果，这三种方法如下：

(1)MX-1502 多普勒接收机测定 NNSS(BE)法。

(2)卫星动力测地法。

(3)全球天文大地水准面差距法(均转换至以 1980 年国家大地坐标系大地水准面为准)。

利用 DX-2 转换参数可以将 GDZ_{80} 参心坐标系或 BJZ_{54} 参心坐标系坐标换算成地心坐标，这些地心坐标所对应的坐标系定名为 1988 年地心坐标系，即 DXZ_{88}，当用(X,Y,Z)表示时，它的原点在地球的质心；Z 轴指向 CIO(BIH1968.0)；X 轴指向国际经度原点(BIH1968.0)；Y 轴与 Z 轴、X 轴构成右手坐标系；长度单位为 m。当用(B,L,H)表示时，椭球参数为：$a=6378140\text{m}$，$f=1:298.257$；参考椭球中心是地球的质心；椭球短轴与 Z 轴重合；起始大地子午面为通过 Z 轴和 X 轴的平面(吕志平等，2010)。

第 7 章　垂直基准

垂直基准构建是测绘基准建设的重要组成部分，是重大测绘工程实施、海洋测绘发展及国家经济建设的内在需求(丁仕军等，2019)。垂直基准是测绘工作的重要基准，是理论定义或约定的垂直参考系统与具体实现和应用的垂直参考框架的统称(朱新慧等，2014)。其中，垂直参考系统是由地球参考系统中一维垂直几何量和地球重力场空间中垂直物理量以及相互之间的大地测量转换函数关系构成的。垂直参考框架是由垂直参考网、垂直参考面及其动态转换关系构成的，是垂直参考系统的具体实现形式，是高程基准、深度基准和重力基准等垂直基准在地球参考框架中的具体实现。

目前全球有 300 多个区域的垂直基准，其中大多数基于一个或者多个当地平均海平面的长期平均值。建立全球范围内的垂直基准，对检测地壳形变、海平面变化、冰后回弹、高原隆起以及地震、火山喷发、地面沉降等地球物理现象有重要意义。本章主要阐述高程基准、海洋基准等，并给出国内外垂直基准的发展情况。

7.1　高程基准

在长期测绘实践中，世界各国的不同专业部门根据各自发展情况和应用特点，建立和使用了不同的垂直基准。不同的垂直基准在不同专业领域发挥了各自不同的作用，例如，陆地区域常用正高或正常高表示地面点的高程，水域常用以潮汐为基础的深度基准表示水域的深度，而 GPS 测量中常用参考椭球作为基准面表示点的大地高；不同基准下的垂直分量定义不同，获取的方法和精度也存在很大差异。

陆地垂直基准是通常所说的高程基准。高程基准可以分为正高基准、正常高基准、大地高基准。全球高程基准由大地水准面定义，大地水准面是全球范围内平均海平面最佳拟合的重力等位面(吴富梅等，2018)。

7.1.1　参考面

参考面是高程的起算面，参考面不同，从而有不同的高程系统。在大地测量中，常用的高程系统有正高、正常高和大地高，有时会涉及动力高和大地位数(徐菊生等，2001)。大地高和重力场无关，又称椭球高或几何高，其他均和重力场有关。正高、正常高由水准测量和重力测量相结合获得，它们所对应的参考面分别称为大地水准面和似大地水准面。大地高可以由GPS获得，它所对应的参考面为参考椭球面，参考椭球面是一个具有规则几何形态的数学面，它不具有地球物理特性。大地水准面是重力等位面，是理想化的海面，又是形状不规则的连续的闭合曲面，同时其重力场也不规则。大地水准面表征了地球基本的几何和物理特性。似大地水准面是从地面点沿正常重力线向下截取该点的正常高，其端点构成的曲面。在经典的大地测量中，通常将静止的平均海平面定义为大地水准面，与重力有关的各种高程系统均可用大地位数来表达。

7.1.2 大地位数

观测点位 P 的重力位 W_{p} 和大地水准面的 W_0 之差称为该点的大地位数(Sjöberg，2011)，通常用 C_{p} 表示：

$$C_{\mathrm{p}}=W_0-W_{\mathrm{p}}=-\int_0^p g\mathrm{d}h \tag{7.1}$$

式中，g 为沿水准测站的地表重力值；$\mathrm{d}h$ 为前、后水准尺观测的尺段高差。这样的表示是水准测量表示高程差较为直接的结果，同时可以很方便地用它来表示其他高程系统，但是由于它不具有高程量纲，不能作为高程使用(徐菊生等，2001)。

7.1.3 正高基准

用大地位数表示高程的通式可由式(7.2)得到：

$$h=\frac{C_{\mathrm{p}}}{G} \tag{7.2}$$

式中，G 在理论上应为测点至大地水准面垂线线段上的平均重力值，G 的取值不同可获得不同的高程系统。

当 $G=\bar{g}$ 时，$\bar{g}$ 为观测点 P 沿铅垂线方向至大地水准面的地球真重力的均值，则点位 P 的正高(观测点到大地水准面的垂线距离)H_{p}可定义为

$$H_{\mathrm{p}}=\frac{C_{\mathrm{p}}}{\bar{g}} \tag{7.3}$$

式中，C_{p} 为点位 P 的大地位数；$\bar{g}$ 为 P 及其在大地水准面上所对应的点 P_0 沿着铅垂线的平均重力加速度。因为 $\bar{g}$ 涉及地壳密度的分布，所以难以精确确定，但可根据对地壳密度分布的某种假定确定其估值。$\bar{g}$ 的确定方法不同可获得不同的正高。当 $\bar{g}=g+0.0424H$ 时，得到的正高称为赫尔默特正高，这是最常用的；在地形起伏较大时，需要加地形改正，由此得到的正高称为尼沙默尔正高；当 $\bar{g}=V_0-0.1543H$ 时，得到的正高称为韦格诺正高，V_0是椭球面上 P 点纬度处的正常重力值。在讨论基准连接时，应分清楚是哪一类正高。

7.1.4　正常高基准

当 $G=\bar{\gamma}$ 时，$\bar{\gamma}$ 是似地球表面沿正常重力线至椭球体面的正常重力平均值，即为地球表面至似大地水准面的正常重力均值，则有

$$H^{*}=\frac{C_{\mathrm{p}}}{\bar{\gamma}} \tag{7.4}$$

这样的高程系统定义为正常高系统。由于 $\bar{\gamma}$ 可以精确计算，正常高是唯一的，这就是莫洛坚斯基理论的基础。我国目前采用的高程系统就是正常高系统。

7.1.5　大地高基准

大地高是与重力无关的几何高，地面点 P 的大地高为 P 点沿椭球面法线方向至椭球面间的距离(图 7.1)。由图 7.1 可知，大地高可以分解为正高 H_{p} 加大地水准面起伏 N(大地水准面至椭球体面的距离)，此处的 N 可以由 GPS 水准直接获得，也可以用全球位系数解物理大地测量边值问题求得。

$$h=H_{\mathrm{p}}+N \tag{7.5}$$

大地高可以分解为正常高 H^{*} 和高程异常 Y：

$$h=H^{*}+Y \tag{7.6}$$

在一定精度条件下，大地水准面差距和高程异常具有以下关系：

$$N-Y=H^{*}-H=\frac{\bar{g}-\bar{\gamma}}{\bar{g}}H^{*}=\frac{\bar{g}-\bar{\gamma}}{\bar{\gamma}}H \tag{7.7}$$

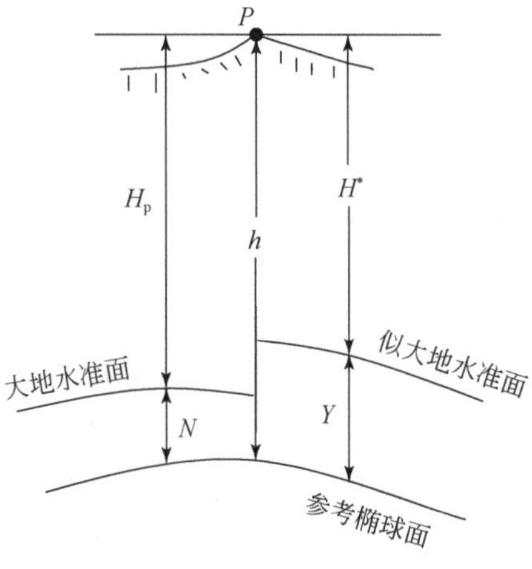

图 7.1　大地高基准示意图

7.1.6　1985 国家高程基准

目前，我国采用的法定高程基准是 1985 国家高程基准，其基准面是由青岛验潮站 1952～1979 年验潮资料确定的黄海平均海平面（焦文海等，2002；孙学华等，2011），计算时取 19 年的资料为一组，滑动步长为 1 年，得到 10 组以 19 年为一个周期的平均海平面，取均值得到的结果作为黄海平均海平面。该基准面只与青岛验潮站所处的黄海平均海平面重合，并认为大地水准面通过该点，因此，1985 国家高程基准属于局部高程基准（郭海荣等，2004）。平均海平面的重力位是我国高程基准的重要基础数据，也是实现我国高程基准与世界高程基准统一的重要依据（吴富梅等，2018）。此外，我国采用正常高系统，在高程基准点处，认为大地水准面与似大地水准面重合。在国内陆地区域垂直基准主要采用 CGCS2000 椭球面和似大地水准面两个基准面，通过构建似大地水准面模型完成两个基准面的相互转换，现已在诸多省、市和区域完成构建（丁仕军等，2019）。

7.2　海洋基准

海洋是人类可持续发展的重要空间，是资源勘探和开发的主要区域。无论是海洋权益维护、海洋经济发展还是海洋科学研究，都需要高精度、高可靠的海洋大地测量基准和海洋导航技术手段的支持；海洋大地测量基准也是海岛礁资源环境信息、海战场环境信息的基本参考框架，是谋划、决策、规划和实施一切国家海洋战略的重要基础（杨元喜等，2017）。

海洋垂直基准称为海洋基准。海洋垂直基准是陆地垂直基准在海洋及其他水域的扩展，是深度测量及其相关要素的起算面，是潮汐改正、海岸工程筑港零点标定、海图图载水深计算及瞬时水深反演计算的重要参考面，是大地测量基准的重要组成部分，也是对海洋进行正确认知和表达的重要依据（暴景阳，2009）。海洋垂直基准主要由陆地高程基准、平均海平面、深度基准面、似大地水准面、参考椭球面等组成。海洋垂直基准的建立与维持通常需借助验潮站潮位观测数据来确定，除能提供稳定可靠的调和常数和高精度的平均海平面信息之外，还可为精密潮汐模型外部精度检核、深度基准面模型构建等提供数据基础（申家双等，2018）。

平均海平面可认为是滤除各种随机振动和短期、长期波动后的一种理想的海面，是零频海面的实际近似。对固定地点而言，平均海平面的高度在一定时间和空间内处于相对稳定状态，因此可把它作为一个国家或区域的高程基准，如我国 1985 国家高程基准。平均海平面不仅是陆地高程和海域岛屿、明礁等高度的起算面，也是确定海图深度基准面和平均大潮高潮面的参考面。

海图深度基准面的高度从当地平均海平面起算，一经确定且在正规水深测量中被采用，一般不可变动。海图深度基准面就是潮汐表的潮高起算面，也称潮高基准面。就应用而言，海图深度基准面的确定应满足两个公认的准则：航行安全准则和航道利用率准则（柯灏，2012）。

海洋垂直基准是陆地和海洋上高程测量的依据，具有陆海高程一致的性质。当前，我国海岸带地形测量采用1985国家高程基准，水深测量采用理论最低潮面，两者分别采用不同的垂直基准面，使得陆海交接处地形图与海图难以无缝拼接，而且海图图幅海域内分别采用离散验潮站确定的深度基准值作为该海域统一的基准值，使得相邻图幅存在基准系统差（周兴华等，2017）。

7.2.1 海洋基准的分类

海洋基准可概括为如下三类：

(1)纯几何意义的垂直基准。几何大地测量意义上的地球椭球面基准，是全球统一的高精度连续的垂直参考面，是为海域任意空间点提供大地高信息的参考基准。

(2)由动态的物理海洋变化的过程和效应决定的垂直基准，主要指有关的特征潮面。重要的特征潮面包括平均海平面、平均高（低）潮面以及基于某种准则定义的最高（低）潮面。这类基准面通常称为潮汐基准面，是海道测量成果表达的应用垂直基准。常用的潮汐基准面有平均海平面、海图深度基准面、平均大潮高潮面。平均海平面不论在大地测量学、海道测量学还是物理海洋学中都具有重要的意义，是滤除了波浪和潮汐效应的似稳态海面，是零频海面的实际近似，特定地点的平均海平面用于确定区域高程基准，任意点的平均海平面又是确定海图深度基准面和平均大潮高潮面的直接参考面。平均海平面相对于地球椭球面的起伏将海道测量应用的垂直基准面与大地坐标系联系起来，是海洋测绘与现代大地测量技术相结合的纽带。

(3)由稳态的地球重力场决定的重力等位面基准和似稳态海洋动力效应引起的基准偏差。反映地球重力场作用的垂直基准包括大地水准面和似大地水准面。其中，该类基准又包含全球基准体系和局部基准体系，全球大地水准面是和全球平均海平面最为密合的地球重力等位面，据估算，全球意义的似大地水准面和大地水准面之间仅存在毫米以下量级的偏差。因此，在目前的应用需求下，可将其视为海洋区域的大地水准面和似大地水准面重合。局部意义的大地水准面和似大地水准面是陆地局部高程基准参考面向海域的自然延展。平均海平面相对于大地水准面的起伏，即海面地形，反映了稳态海流或海水温度、盐度分布差异的特征，该差异体现为零频意义海面与等位意义理想海面的偏差，是大地测量学和物理海洋学相关理论的纽带（徐菊生等，2001）。

7.2.2 海岸带区域海洋测绘垂直基准的转换技术

随着海岸带管理、海洋划界和海道测量等各种海上作业的广泛开展，以及电子海图应用的普及，同时为了实现各种垂直基准数据的相互融合、充分发挥各种测量手段的优势、减少或避免重复测绘、实现陆地高程测量数据和海洋深度测量数据的统一、充分发挥不同测量手段的优势，有必要建立各个垂直基准面之间的转换关系，实现海陆垂直基准的统一（许家琨等，2011）。

海岸地形测量和水深测量作业一般均采用1954年北京坐标系结合高斯投影方式进行，因此海岸地形图和海图数字成果在平面方向实现了统一表示，但在垂直方向则存在较大差异。地形图采用1985国家高程基准，而海图采用当地的理论深度基准面，因此为了实现地形图和海图的拼接，必须研究海洋测绘的垂直基准转换技术，建立高程基准和深度基准的相互转换数学模型。海岸带区域的测量实施过程及测量成果在垂直方向上主要涉及以下基准面，如图7.2所示。

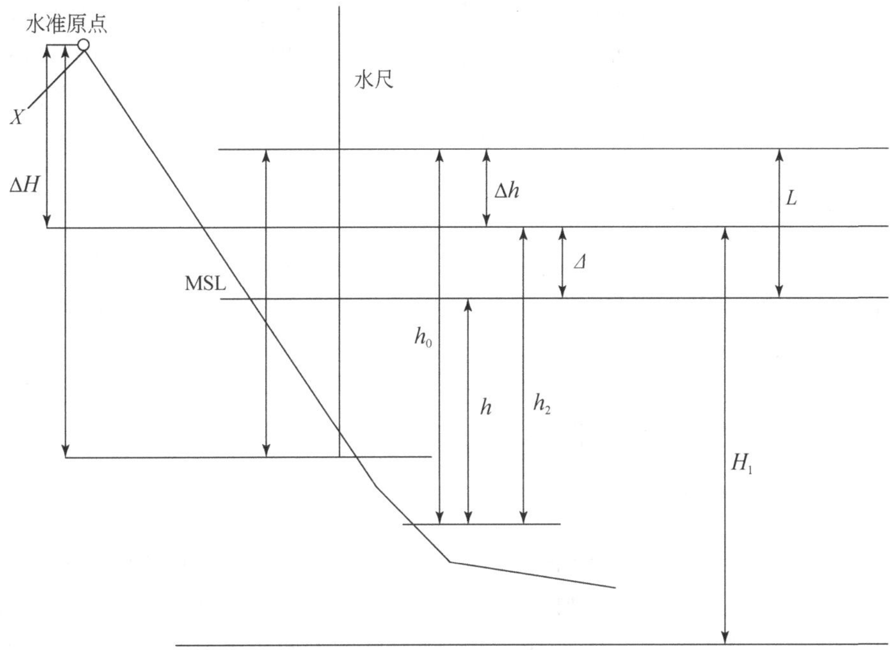

图7.2 海岸带区域在垂直方向的各基准面关系图

图7.2中，X为水准原点与1985国家高程基准的垂直距离；ΔH为水准原点与水尺验潮零点的垂直距离；MSL为平均海平面到验潮零点的垂直距离；Δh为当地平均海平面与1985国家高程基准的垂直距离；h_0为从平均海平面起算的成果水

深;h_2 为从 1985 国家高程基准起算的成果水深，即海图与地形图拼接后使用统一高程基准的海底地形高程;Δ 为地形图与海图拼接的重要参数，随地点位置不同而变化;h 为海图水深;H_1 为 1985 国家高程基准面到 WGS84 参考椭球面的距离;L 为平均海平面到深度基准面的距离。

由图 7.2 可知，h_0、h_2、Δh、Δ、h、L 存在如下关系：

$$h_0 = h + L \tag{7.8}$$

$$h_2 = h + \Delta \tag{7.9}$$

$$\Delta = L - \Delta h \tag{7.10}$$

由式(7.8)～式(7.10)可得

$$h_2 = h + \Delta \tag{7.11}$$

$$h = h_2 - L + \Delta h \tag{7.12}$$

通过式(7.11)可将海图水深成果从当地理论深度基准面归算至 1985 国家高程基准，通过式(7.12)可将陆地地形成果从 1985 国家高程基准归算至当地理论深度基准面，至此建立了海岸带区域高程基准和深度基准的相互转换数学模型，利用以上模型就可实现陆地地形图和水深地形图(海图)两种数字成果在垂直方向的无缝拼接。由式(7.11)、式(7.12)可知，实现海岸带垂直基准转换的关键技术在于如何准确计算 Δh 及 L。下面给出 Δh 的计算方法。

1. 水准联测法

采用几何水准测量的方法，按照国家三、四等水准测量要求，直接联测 1985 国家高程基准的水准点至验潮站主要水准点(或工作水准点)的高差 x，计算得到该验潮站平均海平面的高程 Δh 为

$$\Delta h = \mathrm{MSL} - (\Delta H - x) \tag{7.13}$$

式中，ΔH 通过常规测量方法得到。

2. 固定点比较法

固定点比较法就是在以当地平均海平面为高程基准面的海图(或陆图)上和以 1985 国家高程基准为高程基准面的同一海区的现行的海图(或陆图)上，找到共同的陆上固定点，求取固定点在采用不同高程基准面的两幅图上的高程差。为提高精度和可靠性，在两幅图上选择一定数量的固定点分别计算，对计算结果进行相互校核和验证，选择其中最可靠的点取平均值作为 Δh。另外，有时还要遇到 1956 黄海高程系的高程基准问题，因为有时要用到近代历史沿用海图和陆图，此类海图和陆图的高程基准大多采用黄海平均海平面为高程基准，所以在采用该方法时，要考虑这一点。

3. 潮信资料法

潮信资料法利用以当地平均海平面为高程起算面的海图上记载的验潮站大潮升数值减去平均海平面数值，得到当地平均海平面起算的平均大潮高潮面的高度；将采用1985国家高程基准的现行海图上记载的同一验潮站的大潮升数值减去平均海平面数值，得到1985国家高程基准起算的平均大潮高潮面的高度。以上两个平均大潮高潮面的高度之差即为Δh。当利用潮信资料法求取当地平均海平面与1985国家高程基准的差值时，还要注意分析海图的历史及出版年月，认真核对海图所采用的高程基准；当海图上记载多个验潮站的潮信资料时，要分别计算，将计算结果进行比较校核，取其可靠的平均值。

经计算，中国海区的多年平均海平面高度Δh（从1985国家高程基准起算）自北向南逐渐增加，呈现三个阶梯形的变化，其转折点分别是福建的东山和江苏的吕四，在每个阶梯面上各海区的多年平均海平面存在微小起伏，其中黄渤海海区多年平均海平面与1985国家高程基准基本一致，其变化幅度在(1±3)cm，东海海区变化幅度在(23±3)cm，南海海区变化幅度在(34±3)cm。

7.3 国外的垂直基准

其他国家基于本国或当地的地理环境也建立了局部高程基准，如北美高程基准、加拿大高程基准、澳大利亚高程基准、日本高程基准等（许家琨，2002）。

1. 美国垂直基准

1)正高基准

正高基准是基于地球重力场的基准，以地球重力场为参考的高程统称为重力位高程。

(1)1929国家高程基准。

1976年5月，美国国家大地测量局正式启用1929国家高程基准。该基准由1929年美国高程控制网平差建立，平差涉及美国和加拿大境内106724km一等水准测量路线；26个验潮站的平均海平面保持固定，组成246个闭合环和25个海平面环进行自由网平差。该基准既不是平均海平面，也不是重力等位面（施建平等，2016）。

(2)1988北美高程基准。

1993年6月，1988北美高程基准被正式确定为国家测绘活动的高程基准。该基准的起算点是位于加拿大魁北克省里穆斯基的Father点，利用Helmert正高作为近似正高。与 1929 国家高程基准相比，1988 北美高程基准固定一个验潮站，没有加入局部海面地形差改正，两个系统之间的差不是简单的位移和倾斜，而是与地球重力场变化有关的一个复杂曲面；1929 国家高程基准和 1988 北美高程基准既与平均海平面不一致，也与理想的全球大地水准面不同（施建平等，2016）。1988 北美高程基准是以重力位面为基准的一个较好的正高基准的实现，但该重力位不是理想的全球大地水准面。

（3）1985 国际大湖基准。

1985 国际大湖基准是美国和加拿大公用的高程基准之一，该基准是由大湖-圣劳伦斯河系统内的水平面定义的高程控制参考系统，其参考零点也是 Father 点（施建平等，2016）。因此，1985 国际大湖基准和 1988 北美高程基准是相同的，两个系统的唯一差别是 1985 国际大湖基准水准点的值以动力学高程单位给出，而 1988 北美高程基准是以 Helmert 正高单位给出的。各水准点在两个系统中的重力位数是相同的（曾华霖，2008）。

2）潮汐基准

潮汐基准以一个特定点一定时段的潮汐为参考。一个点上有多种潮汐，如平均低潮面、平均低低潮面，虽然两个都参考低潮位，但由于其定义不同，计算存在明显区别；美国国家海洋服务局确定潮汐基准采用的验潮和归算的周期为 19 年，现国家潮汐基准的验潮和归算历元为 1983～2001 年。美国使用的潮汐基准有平均低低潮面、平均低潮面、平均高潮面、平均高高潮面、平均潮汐面、日潮面、局部平均海平面。

3）三维大地基准

三维大地基准利用参考椭球和 6 个表示参考椭球的原点与方向的参数定义。与水平大地基准不同，三维大地基准为精确确定大地高提供了基础。美国使用的 1983 年北美大地坐标系是一个三维大地基准，其实现伴随着 1983 年北美大地控制网的平差。1983 年北美大地控制网平差后，美国又进行了多次大地控制网平差，为区分各次不同的平差结果，美国将 1983 年北美大地控制网平差记为 1983 年北美大地坐标系，之后的平差分别记为 1983 年北美大地坐标系（HARNs）、1983 年北美大地坐标系（CORS）、1983 年北美大地坐标系（NSRS2007），以及 2011 年更新的 NA2011。

2. 北美垂直基准

1988 年的北美垂直基准（North American vertical datum 1988，NAVD88）是 1991 年通过对加拿大-墨西哥-美国水准观测值进行最小约束调整而建立的垂直控制基准。它以加拿大魁北克省里穆斯基为参考基准，参考了 1985 年新的国际大湖基准面的当地平均海平面高度值，将主要潮汐基准的高度固定下来。

1988 年，NAVD88 包括一个固定在北美大陆的单一起点，以及整个美国的北美大陆的水准测量网络；1993 年，NAVD88 被确认为美国本土的国家空间参考系统的官方垂直基准(NGS，2020a)。

3. 加拿大高程基准

加拿大自然资源部(Natural Resources Canada，NRCan)于 2014 年发布了新的高程基准——加拿大大地垂直基准 2013(Canadian geodetic vertical datum 2013，CGVD2013)，取代加拿大大地垂直基准 1928(Canadian geodetic vertical datum 1928，CGVD28)。CGVD28 于 1935 年启用，以 5 个验潮站多年观测确定的平均海水面定义，验潮站包括大西洋沿岸的雅茅斯验潮站和哈利法克斯验潮站，圣劳伦斯河上的波因特奥皮尔验潮站，以及太平洋沿岸的温哥华和鲁珀特王子港验潮站，CGVD28 比全球高程基准低约 21cm。

根据美国和加拿大之间的协定，CGVD2013 采用北美海岸平均海水面的等位面($W_0 = 62636856\mathrm{m}^2/\mathrm{s}^2$)定义，以此来建立北美地区统一的高程基准。CGVD2013 通过加拿大 CGG2013 重力大地水准面模型实现，以使其与 GPS 等全球卫星导航系统相符合。经计算，加拿大 CGVD2013 与美国采用的 NAVD88 差异在−0.51m 左右。

4. 欧洲高程基准

欧洲大地测量联邦机构提供欧洲地区 GPS 和水准点的观测数据，这些站点的 GPS 坐标采用 ETRS89，历元为 1997.4，其高程为欧洲 UELN-95/98 高程基准下的正常高。欧洲 UELN-95/98 高程基准始建于 1994 年，以位于荷兰阿姆斯特丹永久验潮站多年的平均海平面为基准。UELN-95/98 高程基准面与全球大地水准面的垂直偏差约为−0.09mm。

5. 澳大利亚高程基准

澳大利亚高程基准是利用多个验潮仪，通过对平均海平面进行有限项均值观测，调整 195000km 的水准观测值来实现的(Featherstone et al.，2006，2011)。澳大利亚高程基准是一种三阶高程基准，包含了约 1m 的南北倾斜和 0.5m 与似大地水准面相联系的局部扭曲，与 GNSS 的准重力大地水准面不一致，但仍然是官方的垂直基准。

6. 部分亚太国家与地区高程基准

日本高程基准是日本于 1949 年定义的，适用于日本国内的北海道、本州、四国、九州等地，其采用东京湾平均海平面为参考面，水准原点位于东京湾平均海平面以上 24. 390m(2011 年日本大地震前为 24. 414m)。韩国目前采用 KVD2002 高程基准，以东北部平均海水面为参考面，澳大利亚高程基准采用 1966～1968 年沿海分布的 30 个验潮站确定的平均海平面为高程基准面。新西兰采用新西兰 2009 高程基准，适合于新西兰北岛、南岛、斯图尔特岛等陆地和近海岸使用，来源于新西兰 2009 似大地水准面。印度高程基准定义为 9 个不同港口的潮汐观测站的平均海平面。

第 8 章　时间和时间系统

GNSS 是基于测时、测距的系统。时间在 GNSS 测量中是一个基本的观测量，卫星的信号、卫星的运动、卫星的坐标都与时间密切相关，对时间的要求既要稳定又要连续。本章主要介绍时间的定义、时间的基准、时钟的发展以及常用的几种时间系统。

8.1　时间的重要性

时间是一个基本物理量，是描述物质运动的基础，在人们的日常生活、科学研究、经济建设、国防建设、军事行动及其他各领域中都有十分重要的意义。可以说整个社会的政治、文化、科技等信息的协调都是建立在严格的时间同步基础上的。

随着现代社会的高速发展以及社会生产力的不断提高，人类的生产活动和社会活动对时间精度提出了越来越高的要求。为了满足科技发展的需要，世界各国都非常重视对时间频率的研究和时频服务系统的建设，特别是近二十年，时频精度的提高呈指数发展的态势，每 5～10 年提高一个数量级。目前时间计量的精度已普遍优于 10^{-14}，原子喷泉、离子阱等新技术可使时间的计量精度达到 10^{-17}，甚至更高(韩春好，2002；郭海荣，2006)。

高精度的时间服务对于导航定位、航空航天、深空探测、交通运输以及信息传递等都具有极其重要的意义，现代高技术战争是陆、海、空、天多军兵种高度配合下的立体化战争。体系与体系的对抗广泛涉及信息战、电子战、精确打击、导弹攻防以及空间作战等各个领域。没有统一的、高精度的时间同步，就不可能实现体系内各军兵种、各种武器装备的协同作战(刘利，2004)。

在卫星导航定位中，精确距离和相位的测量实际上是精确时间的测量。高精度时间基准的建立、维持和时间同步技术是建立卫星导航系统的重要技术基础，直接影响系统导航、定位和授时精度。当前，各主要国家对导航系统的建设和发展极为重视，卫星上放置了高稳定度的受控铯原子钟或氢原子钟，通过高精度定时信息来获得精确的定位信息(吴海涛等，2011)。

1. 导航卫星位置的计算

导航卫星作为一个高空观测目标，其位置是不断变化的，因此只有给出瞬时时刻才能确定卫星相应的位置，例如，当要求 GPS 卫星的位置误差不小于 1cm 时，则相应的时刻误差应小于 2.6×10^{-6}s。

2. 用户接收机与卫星间的距离测定

卫星导航定位通过接收和处理导航卫星发射的无线电信号，来确定接收机与卫星间的距离，进而确定观测站的位置。因此，精确地测定观测信号的传播时间，才能准确地测定两者间的距离，若要求上述距离误差小于 1cm，则信号传播时间的测定误差应小于 3×10^{-11}s。

显然，利用卫星导航系统进行精密的导航和测量，必须尽可能获得高精度的时间信息，其意义至关重要(郝金明等，2015)。因此，了解并掌握有关时间系统的基本概念，对卫星导航系统的应用很有必要。

8.2　时间的定义

时间同长度、质量或温度等测量的物理量相比，主要区别在于它的力学性质与后者不同，时间不可能保持不变，也就是说，它永不停息，绝无终止。

一个钟可以停掉，从而在时间尺度上指示出一点或瞬间，即停掉的那个时刻。但时间将继续流逝，如果被停掉的恰巧是我们手边唯一的钟，那么我们将失去由这个钟所提供的时间尺度。若重新启动这个钟，则它必然要滞后一段时间，但究竟滞后多少，这只能依靠它在停掉期间一直保持运转的其他钟的帮助才能确定。

这里使用了“时间”这个词的双重含义，即在一个具有确定原点的时间坐标轴上某一点的时刻以及时间间隔。在日常生活中，时间的这种双重含义可以用下面两句话来加以说明：

(1)“是上班的时间了”，指的是时刻，即发生某一现象的瞬间。在天文学和卫星定位中，与所获数据对应的时刻称为历元，时刻测量称为绝对时间测量。时刻就像时间尺度上的刻度标记，用以确定事件发生的先后，如年、月、日、时、分、秒。

(2)“上班的时间很长”，指的是时间间隔，指发生某一现象所经历的过程，是这一过程始末的时刻之差。时间间隔测量称为相对时间测量，时间间隔用以衡量事件经历的长短，如年数、月数、日数、时数、分数、秒数等。

与时间有关的一个量是周期，生活中的周期现象早已为人们所熟悉。例如，地球的自转或日出日落是一种周期现象，单摆或平衡轮的摆动、电子学中的电磁振荡都是周期现象。自然界中类似上述周而复始出现的实物或时间还有很多，周期性过程重复出现一次所需要的时间称为周期，记为 T。在数学中，将这类具有周期性的现象概括为一种函数关系的描述，即

$$F(t)=F(t+mT) \tag{8.1}$$

式中，m 为整实数；t 为描述周期性过程的时间变量；T 为周期性过程的周期。

频率是单位时间内周期性过程重复、循环或振动的次数，记为 f。周期和频率之间互为倒数关系，即

$$f=1/T \tag{8.2}$$

式中，周期的单位为 s，频率的单位为 s^{-1}，定义为 Hz。

时间的描述包括时间原点、单位(尺度)及表达方式，其中尺度是关键，而时间原点可根据实际情况加以选定，表达方式也有多种，例如，下面几种都是导航定位中常用的表达方式：

(1)年月日，如 2012 年 11 月 17 日 0h00min00s。

(2)年积日，如 2013 年 169 日 8h00min00s。

(3)周＋秒，如 1210 周 132344s。

时间是物质运动过程的连续表现，选择测量时间单位的基本原则是选取一种物质的运动。时间的特点是连续、均匀，故一种物质的运动也应该连续、均匀。为了更精确地测量时间，必须采用一种公认的有权威性的时间测量仪器(或方法)作为时间测量的基准。这种基准一般应按以下两方面来选择：

(1)周期运动的稳定性。在不同的时期内该基准所给出的运动周期必须是相同的，不能因为外界条件的变化而有过大的变化。

(2)周期运动的复现性。周期过程在地球上任何地方、任何时候都应该能够在实际中通过一定的实验(或观测)予以复现，并付诸应用。

当然，稳定性和复现性同其他任何物理参数一样，不可能是绝对的，总是针对一定的精度指标而言的，也就是说，在某一个历史阶段内，它只是人类科学技术水平所能达到的最佳值，并以此作为当时选择的依据，随着科学技术的发展和新仪器、新方法的不断涌现，人类依据这两个条件去寻找新的时间测量基准。目前，这种基准主要有三种：①地球的自转，表现为世界时；②地球的公转，表现为历书时；③原子跃迁频率，表现为原子时。

另外，对于时间的定义，还应当符合人们的生活习惯(韩春好，2012)，具有实际的物理意义和实际应用的价值。例如，人们习惯了“日出而作，日落而息”，习惯了太阳的东升西落代表着一天的开始和结束。于是，协调世界时就是世界时和原子时的一种折中表达。

8.3　时间基准

时间基准被人们认为是最精确的时间尺度，长期以来，人们一直在寻求着这样

的时间尺度。

在远古时期，人类以太阳的东升西落作为时间尺度；公元前 2 世纪，人们发明了地平日晷，一天差 15min；1000 多年前的希腊和我国的北宋时期，能工巧匠们曾设计出水钟，精确到每日 10min 误差；600 多年前，机械钟问世，并将昼夜分为 24h；到了 17 世纪，单摆用于机械钟，使计时精度提高近 100 倍；到了 20 世纪 30 年代，石英晶体振荡器出现，对于精密的石英钟，300 年只差 1s。

自 17 世纪以来，天文学家以地球自转和世界时作为时间尺度：当地球绕轴自转一周时，地球上任何地点的人连续两次看见太阳在天空中同一位置的时间间隔为一个平太阳日。1820 年法国科学院正式提出：一个平太阳日的 1/86400 为一个平太阳秒，称为世界时秒长。

由于地球自转季节性变化、不规则变化和长期减慢，世界时每天可精确到 1×10^{-9}。社会的进步和科学技术（特别是航天、空间物理、军事等）的飞速发展，使人们对时间尺度的精度需求越来越高。

20 世纪五六十年代，时频科学技术的发展进入一个新的里程。美国研制出世界上第一台原子钟。原子钟的出现标志着一门崭新的学科——量子电子学诞生。1967 年第 13 届国际计量大会决定：Cs^{133} 原子基态的两个超精细能级间跃迁辐射振荡 9192631770 周所持续的时间为 1s。此定义一直沿用至今。因此，在 1967 年后，时间基准的名称应该由主钟来代替，它指的是实验室型大铯钟。就已发表的资料来看，德国联邦物理技术研究院的 PTB-CsI、美国国家标准局的 NBS-6 及加拿大国家研究院的 NRC-CsV 的准确度均已达到 10^{-14} 量级。中国计量科学研究院的 CsII、CsIII 也达到 10^{-13} 量级。由此可见，主钟的准确度至少要比商品型小铯钟高出一个数量级。

对于大铯钟这样的一级时间标准，世界上只有少数几个国家的时频实验室拥有，而且有的还不能长期可靠地工作。但是，世界上大多数没有大铯钟的实验室也可以有自己的时间尺度。其方法是：用多台商品型铯钟（目前 5071A 型小铯钟的准确度为 1×10^{-12}）构成平均时间尺度。实验室的小铯钟越多，时间尺度的稳定性就越好。有了这样高稳定度的时间尺度，可以满足国防、科研、航天等方面的需求。例如，中国科学院国家授时中心有六台小铯钟，组成地方原子时尺度，其稳定度为 10^{-14} 量级。国外有的实验室有几十，乃至几百台小铯钟，稳定度更高。

社会在进步，科技在发展，人类对新的时间基准的研究仍在继续，大铯钟作为主钟的地位受到严重冲击。例如，原子喷泉钟、光频标就是它的强劲对手。原子喷泉钟的准确度进入 10^{-15} 量级，最好的已能达到 1×10^{-15}（美国标准与技术研究院）。光抽运铯束基准频标的准确度也进入 10^{-15}（法国巴黎天文台时间频率基准实验室）。

因此，不久的将来，原子喷泉钟或光频标完全有可能取代微波频标，成为新一代的时频基准。

8.4　时钟的发展

随着科学技术的发展，人们对时间频率的指标要求不断提高，时频计量的手段由原始的日晷、依靠太阳观测发展到近代的机械钟表、精密天文观测和现代的原子钟。人类对时间的把握可以说是与人类的科技发展同步的，而对时间的掌握可以从测量时间的装置上深刻地反映出来。从日晷、沙漏、机械钟，到今天的石英钟和原子钟，这些仪器在时间的测量精度上呈飞跃性变化。从日晷，把一天粗略地分为 12 个时间段，到原子钟的精度可以达到每 100 万年才有 1s 的误差，人类在时间的计量上还会不断进步，不断地追求卓越。

8.4.1　圭表

我国古代使用的借日测影的计时钟称为“圭”，其由放置在正南、正北方向平卧的尺子“圭”和直立在平面的标杆“表”组成。测量表影的长度可以定出正午时刻，并推算出二十四节气。从表影长度的周期变化，如连续两次日影最长或最短之间的时间间隔，就可以定出一个回归年的长度(所包含的天数)，同时，还能测出日影最短的那一天是夏至，日影最长的那一天是冬至。圭表的功能是测量节气，可以用来计量一年四季，而不是时刻。

圭表的缺点是计时精度不高，应用的局限性较大，夜里和阴天则根本不能计量时间。

河南登封观象台是我国现存最早的天文台，圭表由台身和石圭两部分组成(图 8.1)，是元代杰出的科学家郭守敬主持建造的，为当时全国的观测中心，据说这是世界上最早的计时器。郭守敬利用这座观象台编制了当时最先进的历法——授时历。授时历计算出一个回归年的长度，比地球围绕太阳转一周的实际时间只差 26s。

8.4.2　日晷

日晷又称日规，是我国发明的一类测量仪器，其利用太阳投射的影子来测定时刻。

日晷通常由铜制的指针和石制的圆盘组成(图 8.2)。铜制的指针称为晷针，垂直地穿过圆盘中心，起着圭表中立竿的作用，因此晷针又称为表；石制的圆盘称为晷面，安放在石台上，南高北低，使晷面平行于天赤道面，这样，晷针的上端正好

图 8.1　河南登封观象台圭表的装置

资料来源：https://baike.baidu.com/item/%E5%9C%AD%E8%A1%A8/765030?fr=aladdin[2020-10-10]

图 8.2　日晷

资料来源：https://www.sohu.com/picture/276166448[2020-10-10]

指向北天极，下端正好指向南天极。晷面两面都有刻度，分十二时辰，每个时辰又等分为“时初”“时正”，这正是一日 24h。绝大部分的日晷显示的都是视太阳时，有些在设计上做了变更，可以显示标准时或日光节约时间。

在一天中，被太阳照射到的物体投下的影子在不断地改变着，第一是影子的长短在改变，早晨的影子最长，随着时间的推移，影子逐渐变短，一过中午又重新变长；第二是影子的方向在改变，在北半球，早晨的影子在西方，中午的影子在北方，傍晚的影子在东方。从原理上来说，根据影子的长度或方向都可以计时，但根据影子的方向来计时更方便一些，故通常都是以影子的方向计时。随着时间的推移，晷针上的影子慢慢地由西向东移动，移动着的晷针影子好像是现代钟表的指针，晷面则是钟表的表面，以此来显示时刻。清晨，影子投向盘面西端的卯时附近；当太阳达正南最高位置（上中天）时，针影位于正北（下）方，指示着当地的午时正时刻。午后，太阳西移，日影东斜，依次指向未、申、酉各个时辰。

8.4.3　沙漏

沙漏也称为沙钟，是一种测量时间的装置。西方沙漏由两个玻璃容器和一个狭窄的连接管道组成（图 8.3）。利用上部玻璃容器的沙子穿过狭窄的管道流入底部玻璃容器所需要的时间来对时间进行测量。一旦所有的沙子都已流到底部玻璃容器，该沙漏可以被颠倒以测量时间了，一般的沙漏有一个名义上的运行时间如 1h。

图 8.3　沙漏

资料来源：https://www.ivsky.com/tupian/shalou_v51682/pic_811627.html[2020-10-10]

我国的沙漏也是古代一种计量时间的仪器。沙漏的制造原理与漏刻大体相同，它是根据流沙从一个容器漏到另一个容器的数量来计量时间的。采用流沙代替水，是因为我国北方冬天空气寒冷，水容易结冰。

最著名的沙漏是 1360 年詹希元创制的“五轮沙漏”。流沙从漏斗形的沙池流到初轮边上的沙斗里，驱动初轮，从而带动各级机械齿轮旋转。最后一级齿轮带动在水平面上旋转的中轮，中轮的轴心上有一根指针，指针则在一个有刻线的仪器圆盘上转动,以此显示时刻,这种显示方法几乎与现代时钟的表面结构完全相同。此外,詹希元还巧妙地在中轮上添加了一个机械拨动装置,以提醒两个站在五轮沙漏上击鼓报时的木人。每到整点或一刻,两个木人便会自行出来,击鼓报告时刻。这种沙漏脱离了辅助的天文仪器,已经独立成为一种机械性的时钟结构。

由于无水压限制,沙漏比漏刻更精确。影响时间沙漏的因素包括填充物的多少、玻璃容器内壁的曲线形状(沙漏正置和倒置的计时长度有细微差别)、颈部管道的宽度、填充物的类型和质量。最早的沙漏曾经使用墓穴大理石研磨粉、铁屑和蛋壳粉。现代的沙漏一般使用人工制作的玻璃珠。

8.4.4 机械钟

14 世纪初,意大利、英国、法国等国的教堂建筑物上出现了机械报时钟。因为报时钟的运行需要持续的动力来源,所以当时采用的方法是用绳索悬挂重物,利用地心引力产生的重力作用带动一系列机构的运转。此时,大型的机械钟主要采用机轴擒纵机构,或者称为疆状轮擒纵机构,主要的组成部分由一个冠状轮作为擒纵轮,它的凸齿与机轴上的两个擒纵片相咬合,而充当调速器的是两端装有重物的摆杆,它位于机轴的顶端。这个时期具有代表性的钟包括意大利的天文钟、英国索尔兹伯里大教堂钟以及法国鲁昂大钟等。

15 世纪中期发明的铁制发条,使体积庞大的钟有了新的动力来源,也为钟的小型化创造了条件。

1583 年,意大利物理学家伽利略发现了摆的等时性原理。荷兰科学家惠更斯于 1656 年应用伽利略的理论设计了“钟摆”,在他的指导下,年轻的钟匠 Comer 成功制造出了第一个摆钟。惠更斯于 1675 年声称发明了“游丝”,这样就形成了以游丝作为装置的调速机构,它为制造便于携带的怀表提供了有利的技术条件。

8.4.5 原子钟

人们日常生活需要知道准确的时间,生产、科研上更是如此。人们平时所用的钟表,精度高的约每年会有 1min 的误差,这对日常生活是没有影响的,但在要求很高的生产、科研中就需要更准确的计时工具。目前,世界上最准确的计时工具就是原子钟。原子钟利用原子吸收或释放能量时发出的电磁波来计时。由于这种电磁波非常稳定,再加上利用一系列精密的仪器进行控制,原子钟的计时非常准确。目前用在原子钟里的元素有氢、铯、铷等。原子钟的精度可以达到每 100 万年才有 1s 的误差,这为天文、航海、宇宙航行提供了强有力的保障。

根据原子物理学的基本原理,原子是按照不同电子排列顺序的能量差,也就是围绕在原子核周围不同电子层的能量差,来吸收或释放电磁能量的。这里电磁能量是不连续的。当原子从一个“能量态”跃迁至低的“能量态”时，它便会释放电磁波。这种电磁波特征频率是不连续的，这也就是人们所说的共振频率。同一种原子的共振频率是一定的，例如，Cs^{133} 的共振频率为 9192631770 周/s。因此，铯原子便用作一种节拍器来保持高度精确的时间。

可见，科技进步改变了人们对时间测量和计量的方式，对于普通人，用不上精度那么高的原子钟，人们最常用的还是机械表和电子表，但是以上时间计量仪器在人类科技发展的历程上不容忽视。

8.5　时钟的主要指标

时间测量的主要工具是时钟，时钟主要依赖各种时间频率信号源进行计时和守时。不同历史时期所采用的时间频率信号是不同的，通常采用钟差、频率偏差、频率漂移率、准确度与频率准确度、频率稳定度等指标来评价时钟的性能。

8.5.1　钟差

计量时间的时钟或钟表，一般采用世界时或区时，钟指示时间与世界时（或区时）的差值，称为钟差，即钟差是钟的读数与标准时间的差值。从广义上来说，两台钟的时间差实际上指的是相对钟差。在时频实验室，钟差一般是指被测钟与参考钟所表示的时间差值。

测量任意一台钟的钟差通常采用“对时”（或比对）的方法。在对守时钟的钟差初始校准后，其钟速率（频率准确度）和钟加速率（频率漂移率）按时钟二次时间模型计算得到。

8.5.2　频率偏差

在零不确定度条件下，观测频率与参考频率的差值即为频率偏差。频率偏差既可以在时域条件下观测，又可以在频域条件下观测。

利用频率计数器可进行频域内的频率偏差观测。根据计数器的输出频率值可计算频率偏差（童宝润，2004）：

$$f_{\text{offset}}=\frac{f_{\mathrm{A}}-f_{\mathrm{B}}}{f_0} \tag{8.3}$$

式中，A 和 B 分别为两个频率信号输出源；f_{A} 为被测频率；f_{B} 为测试参考频率；f_0 为两台频率源的标称频率。

频率偏差一般表示为无量纲单位，如果标称频率的数值已知，那么也可以用特定的转换将频率偏差转换为以 Hz 为单位的量值。设设备的标称频率为 5MHz，其频率偏差为 1.16×10^{-11}，以 Hz 为单位的频率偏差量计算如下：

$$(5\times10^{6})\times(1.16\times10^{-11})=5.80\times10^{-5}=0.0000580(\mathrm{Hz}) \tag{8.4}$$

该设备的实际输出频率为

$$5000000\mathrm{Hz}+0.0000580\mathrm{Hz}=5000000.0000580\mathrm{Hz} \tag{8.5}$$

8.5.3　频率漂移率

频率源在连续运行过程中，由于受到内部元器件的老化以及环境变化的影响，频率值将随时间单调增加或减少，频率源相对频率值这种随时间单调变化的线性率称为频率漂移率。频率漂移特性是频率源长期运行的基本特性，其表征量是频率漂移率，定义为连续工作的频率源在单位时间内输出频率的平均变化量，针对晶体振荡器通常称为老化率。

按时序，每隔一段时间测得被测信号的相对频率偏差的一组取样值设为 y_i：

$$y_i=\frac{1}{\tau}\int_{t_i}^{t_i+\tau}y(t)\mathrm{d}t \tag{8.6}$$

取样周期为 T(两次取样的时间间隔)。应用最小二乘法可求得日漂移率 D，其计算过程与频率偏差求解类似，拟合结果如下：

$$D=\frac{\sum_{i=1}^{N}(y_i-\bar{y})(t_i-\bar{t})}{\sum_{i=1}^{N}(t_i-\bar{t})^2} \tag{8.7}$$

频率漂移拟合示意图如图 8.4 所示。

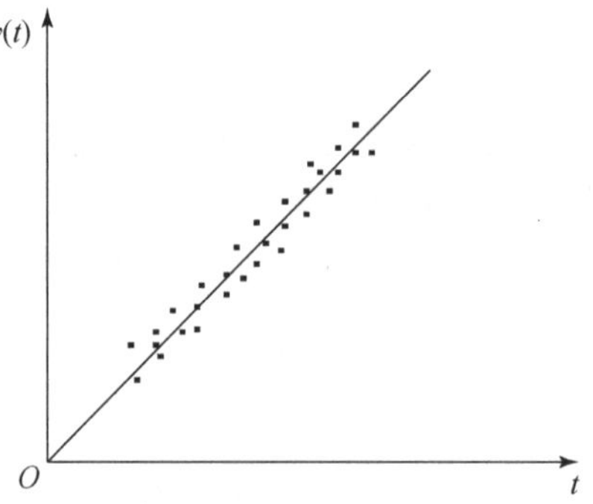

图 8.4　频率漂移拟合示意图

并非所有原子钟的频率漂移都具有线性规律，因此在计算频率漂移率时，还需计算相关系数 r：

$$r=\frac{\sum_{i=1}^{N}(y_i-\bar{y})(t_i-\bar{t})}{\sqrt{\sum_{i=1}^{N}(y_i-\bar{y})^2\sum_{i=1}^{N}(t_i-\bar{t})^2}} \tag{8.8}$$

若$|r|\geqslant 0.6$，则表明原子钟的频率漂移具有明显的线性规律，可以给出频率漂移率值 D，且 r 的绝对值越接近 1，表明线性度越好；反之，若$|r|<0.6$，则表明该原子钟不具有明显的线性频率漂移，频率漂移率对其已无意义（童宝润，2004）。

8.5.4　准确度与频率准确度

准确度是指观测值或计算值与其定义值的一致程度。在时频领域，准确度一般参考设备的时间偏差或频率偏差给出：时间偏差为被测脉冲信号与理想脉冲信号（与 UTC 高度一致）的时差；频率偏差为被测频率与标称频率的频率差。

近年来，在进行定量观测时一般采用不确定度进行描述，准确度只是作为定性描述指标。一台原子钟的准确度可以采用以下两种方法描述：①这台原子钟的准确度很好；②这台原子钟的不确定度为 1ns。

频率准确度是指被测频率或计算频率与频率定义值的一致程度。频率准确度的计算公式如下（黄秉英等，1996；童宝润，2004）：

$$A=\frac{f_x-f_0}{f_0} \tag{8.9}$$

式中，f_x 为被测设备的实际输出频率；f_0 为标称频率。由于受到频率标准内在因素和外部环境的影响，f_x 实际上不是一个固定不变的值，而是在一定范围内波动。为测量输出频率，需要保持尽可能恒定的环境，并尽可能用较长时间进行观测，减小波动对计算结果的影响。

频率准确度用于描述实际频率与标称频率的一致程度，但测量时无法直接测量实际频率与标称频率的偏差，通常情况下测量被测频率标准的实际频率时，是以参考频率标准的实际频率作为标准频率来进行测量的。准确度的检定需要通过测量平均频率偏差实现，由于频率的不稳定性，测量时的平均时间（取样时间）应取大一些，使此取样时间的频率稳定度比待测频率准确度高一个数量级。频率准确度是一个“绝对”的概念，它描述的是频率标准相对定义值准确到何种程度；频率偏差是一个“相对”的概念，描述的是两台原子钟频率相差的大小。

根据理论分析和实验验证估算的频率源设备即可作为频率基准。国际上较为成熟的频率基准为铯束喷泉频率基准，准确度已达 10^{-16} 量级，这种准确度通常用频率不确定度来描述，需要用频率基准来确定频率准确度的频标设备称为频率标准。常见原子钟的频率准确度如表 8.1 所示。

表 8.1　常见原子钟的频率准确度

类别	频率准确度
铷原子钟	$10^{-11}\sim10^{-12}$
氢原子钟	10^{-12}
商品型铯原子钟	$10^{-12}\sim10^{-13}$
铯喷泉钟	$10^{-15}\sim10^{-16}$

8.5.5　频率稳定度

频率稳定度是指频率输出设备在特定的时间间隔下重复产生相同频率的能力。设备受到内部各种电子噪声的影响，其频率不是一个固定值，而是在一定范围内随机波动。频率稳定度就是用来描述设备输出频率受噪声影响而产生的随机波动的物理量。频域准确度与频率稳定度的关系可用图 8.5 描述。

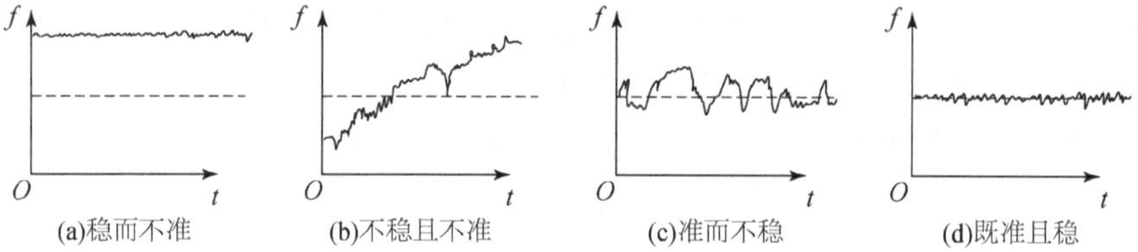

图 8.5　频率准确度与频率稳定度的关系

8.6　常用时间系统

对时间的描述包括时间原点和单位(尺度)，其中尺度是关键，而原点可根据实际情况进行选定。对同一种周期性运动而言，选择不同的量时天体(参考点)，其周期时值也不同，于是便产生了不同的时间系统，如依地球自转的恒星时、太阳时系统，依地球公转的历书时系统，依原子振荡的原子时系统。

8.6.1　世界时系统

地球在空间的自转是连续的，而且比较均匀，因此人们最先建立的时间系统便是以地球自转运动为基准的世界时系统。由于观察地球自转运动时所选空间参考不同，世界时系统又包括恒星时、真太阳时、平太阳时、地方时与区时、世界时。

1. 恒星时

恒星时是根据地球绕轴自转而形成的恒星周日视运动得到的时间计量系统，即以春分点为参考点，由春分点的周日视运动所确定的时间。春分点连续两次经过本地子午圈的时间间隔为一恒星日。其含 24 个恒星小时，因此恒星时在数值上等于春分点相对于本地子午圈(上中天)的时角。因为恒星时是以春分点通过本地子午圈为原点计算的，同一瞬间对不同测站的恒星时各异，所以恒星时有地方性，有时称为地方恒星时。

由于岁差、章动的影响，严格地讲，地球自转轴在空间的指向是变化的，春分点在天球上的位置不固定，对于同一历元，相应的真北天极和平北天极也有真春分点和平春分点。因此，相应的恒星时也有真恒星时和平恒星时之分。

恒星时在数值上等于春分点时角。恒星时又分为真恒星时和平恒星时，若分别记为 S 和 $\bar{S}$，则有 $S=\bar{S}+\Delta\varphi\cos\varepsilon_A$。其中 $\Delta\varphi\cos\varepsilon_A$ 为赤经章动，ε_A 为考虑岁差影响的黄赤交角，$\Delta\varphi$ 为黄经章动。相对于格林尼治子午圈的恒星时称为格林尼治恒星时，记为 S_G。它与地方恒星时的关系为 $S=S_G+\lambda$。格林尼治平恒星时 $\bar{S}_G$ 的表达式为

$$\bar{S}_G=18.6973746\text{h}+879000.0513367t\text{h}+0.093104t^2-6.2\times10^{-6}t^3\text{s} \tag{8.10}$$

$$t=\frac{\text{JD}(t)-\text{JD}(\text{J}2000.0)}{36525.0} \tag{8.11}$$

式中，t 为儒略世纪；JD(t)为计算时刻 t 的儒略日；JD(J2000.0)为历元 J2000.0 对应的儒略日。

与一个太阳日包含 24h 相比，一个恒星日包含 23h56min4.091s±0.005s。由于恒星日一天的长度变化可以达到几毫秒，它只能通过天文观测获得。

2. 真太阳时

通过观测太阳(如利用圭表)直接得到的时间称为真太阳时，也就是说，以地球自转为基准，真太阳视圆面中心在天球上连续两次通过某地子午线(上中天)的时间间隔称为一个真太阳日，含 24 个真太阳小时。太阳有很大的视圆面，观测的误差也较大，因此天文学上是根据夜间观测恒星上中天的时刻，通过归算得到真太阳时。为了与人们的生活习惯相一致，定义真太阳在下中天的时刻(真子夜)为一日的开始。

由于地球的公转轨道为一个椭圆，由天体运动的开普勒定律可知，太阳的视运动速度是不均匀的，若以真太阳作为观察地球自转运动的参考点，则将不符合建立时间系统的基本要求。

3. 平太阳时

真太阳时测量系统虽然方便、直观，但是由于真太阳除了周日视运动，还存在不均匀的周年视运动，因此真太阳日的长度是不均匀的。当地球在近日点时，它的

角速度最大，因而太阳的视运动速度也最大；当地球在远日点时，它的运行角速度最小，太阳的视运动速度也达到最小，真太阳的周年视运动是不均匀的，它不是均匀的时间计量系统，因此有必要建立一种更均匀的，但又按照太阳的视运动来计量的时间系统，这就是平太阳时系统。

假设一个参考点的视运动速度等于真太阳周年运动的平均速度，且其在天球赤道上做周年视运动。这个假设的参考点，在天文学中称为平太阳。平太阳连续两次经过上中天的时间间隔为一个平太阳日，包含 24 个平太阳小时。平太阳时也有地方性，故称其为地方平时或地方平太阳时。

法国科学家于 1820 年正式提出了秒长的定义——全年中所用真太阳日平均长度的 1/86400 为 1s。也就是说，将全年所有真太阳日平均日长定义为平太阳日。

4. 地方时与区时

真太阳时和平太阳时都是以观测者所在地的子午线进行测量的，这样的时间计量都与观测者所处区域有关，由此得到的时间分别称为地方真太阳时和地方平太阳时。区时是将全球划分成 24 个区，相邻两个区的时间相差 1h，每个区的划分以本初子午线为起点，西经 7.5°到东经 7.5°(经度间隔为 15°)定义为零时区。从零时区的两边界线分别向东和向西，每隔经度 15°划分一个时区，全球共 24 个时区。各时区均以自己的中央子午线的地方时(平太阳时)作为本时区的标准时间，相邻两时区的时差为 1h(日界线除外)。

5. 世界时

法国科学家于 1820 年似乎解决了秒长的定义问题，但在实际操作中，这种秒长是不能实时得到的，必须经过至少一年的观测，最后经过平均才能得到。

为了解决这个问题，美国天文学家纽康在 19 世纪末提出了用一个假想的太阳代替真太阳作为测定日长的参考点，这个假想的太阳在天赤道上做匀速运动，其速度等于真太阳在黄道视运动的平均值，并尽量靠近真太阳。这样，根据恒星周日视运动与平太阳之间的关系，可以实时测定平太阳时的日长和秒长。1886 年，在法国巴黎召开的国际讨论会上各国学者同意用纽康的方法严格定义平太阳日，从而产生了真正科学意义上的平太阳时秒长，又规定了在英国格林尼治天文台观测得到的由平子夜起算的平太阳时称为世界时(UT)，也称为格林尼治平太阳时(Greenwich mean time，GMT)。两者的关系 UT0＝GMT＋12(h)。世界时与平太阳时的尺度基准相同，仅起算点不同。

世界时系统是以地球的自转为基础的，地球自转的不稳定性破坏了建立时间系统的基本条件，为了弥补这一缺陷，从 1956 年开始，在世界时中引入了极移改正

和地球自转速度的季节性改正，由此得到的世界时为 UT1 和 UT2，未经改正的世界时表示为 UT0，其关系为

$$UT1 = UT0 + \Delta\lambda \tag{8.12}$$

$$UT2 = UT1 + \Delta TS \tag{8.13}$$

式中，$\Delta\lambda$ 为极移改正；ΔTS 为地球自转速度季节性变化的改正。UT2 仍不是一个严格均匀的时间系统(长期项未改正)。在这三种世界时中，UT0 是由观测直接得到的，在 UT0 上加入极移改正得到 UT1，在 UT1 上加入地球自转的季节性改正得到 UT2。UT1 代表地球的实际旋转，因此最为重要。由于地球自转速率的不均匀性，UT1 是不均匀的。在导航定位计算中，UT1 主要用来计算格林尼治恒星时，建立地固系与惯性系之间的联系。由于各种物理机制的影响(其中之一是潮汐的影响)，UT1 呈现周期(或半周期)及长期变化。其中，UT1R 为从 UT1 中消去短周期潮汐变化部分(5～35 天)得到的。同 UT1 相比，UT1R 更平滑，容易内插。但是，UT1 能反映地球的实际运动，内插的 UT1R 必须换算回 UT1。UT1 的值由 VLBI、SLR 和 LLR 观测获得。初始值及预报值可从 IERS 公报 A 获得，精确值可从公报 B 获得。

世界时系统在天文学、大地天文学中有着广泛的应用。在卫星导航系统中，其主要用于天球坐标系与地球坐标系之间的转换等计算工作。

8.6.2　历书时

世界时系统经修正后仍然不是理想的时间计量系统，满足不了现代科学对时间均匀性的需求，因此 1958 年 IAU 决定，从 1960 年开始采用一种新的时间制——历书时来替代世界时。

世界时时间尺度受到地球自转的不规则性及长期变化的影响。为解决该问题，IAU 于 1960 年建立了属于动力学时间尺度的历书时。历书时是在太阳系质心框架下定义的一种均匀的时间尺度，是牛顿运动方程中的独立变量。通过将观测的太阳、月球及行星位置与行星历表计算值相比较获得。太阳相对于瞬时平春分点的几何平黄经为 $279°41'48''.04$ 的时刻作为历书时的起点。秒长为 1900 年 1 月 1 日正午起始的历书时回归年的 1/31556925.9747。

19 世纪末，纽康根据地球绕太阳的公转运动编制了太阳历表，根据太阳历表定义的时间为历书时。历书时的起点与纽康计算太阳几何平黄经的起始历元相同。观测太阳比较困难，因此通过观测月球来测定历书时，实际能得到的历书时的精度也只有 10^{-9} 量级，仍然满足不了现代科学技术发展的需求，需要寻找更高精度的时间基准，这就是原子时。

8.6.3　原子时

随着空间科学技术和现代天文学与大地测量学新技术的发展和应用，对时间

准确度和稳定度的要求不断提高，以地球自转为基础的世界时系统，已难以满足要求。为此，人们从 20 世纪 50 年代便建立了以物质内部原子运动特征为基础的原子时系统。

以原子由高能级向低能级跃迁时辐射出的频率作为频率标准，即原子频率标准，简称原子频标。以原子频标为基准的时间计量系统称为 TAI。原子时的出现将时间计量系统从宏观世界转换到原子物理学的微观世界，时间计量的精度和准确度也得到了几个数量级的提高。

1. 原子时的秒

1967 年第 13 届国际计量大会将原子时秒长定义为：铯原子基态的两个超精细能级间在海平面上零磁场下跃迁辐射振荡 9192631770 周所持续的时间。同时规定，原子时的秒、分、时、日、月、年的换算关系仍与世界时相同。原子时的起点是 1958 年 1 月 1 日 24 时，这一瞬间的原子时与世界时极为接近，仅差 0.0039s。由于地球自转速度的不均匀性，世界时每年比原子时约慢 1s，两者间的差逐年累积，到 2010 年已达 33s。

原子时的原点由式(8.14)确定：

$$AT = UT2 - 0.0039 \tag{8.14}$$

原子时是基于原子的量子跃迁产生的电磁振荡定义的时间。TAI 是前 BIH 于 1972 年 1 月 1 日引入的，原点为 1958 年 1 月 1 日 24 时 UT1，即规定在这一瞬间，原子时和世界时重合，但事先发现，在该瞬间原子时与世界时的时刻之差为 0.0039s。这一差值就作为历史事实而保留下来。

2. 地方原子时

由一个实验室若干台原子钟或一个地区若干实验室的原子钟组成的钟组导出的原子时称为地方原子时[TA(k)]。

根据定义，任何原子钟在确定时间起始值后连续运转，都可以提供原子时。目前，我国建立了 4 个独立的地方原子时系统。

3. 国际原子时

1971 年，国际计量大会正式指定由 BIH 建立的原子时为 TAI，同时给出了 TAI 的定义。1980 年，国际秒定义咨询委员会又进一步对 TAI 的定义做了修改。2001 年，ITU 推荐的时间频率专有名词表中给出了 TAI 的统一定义。

4. 国际原子时的国际合作

截至 2010 年，全世界共有 34 个国家和地区的约 61 个实验室参与了 TAI 的工作。他们的数据通过约 45 个保持地方协调时 UTC(k)的时频基准实验室，以共同约定的 GPS 共视及卫星双向比对方法定期向国际计量局(Bureau International des Poids et Mesures，BIPM)提供每台钟的资料，经 BIPM 计算处理得到 TAI，并以月报和年报的形式提供给参加合作的时频基准实验室。各时频基准实验室也可以通过 BIPM 在国际互联网上向 BIPM 提供数据或者从 BIPM 得到数据。

5. 原子时的相对论修正

原子时的尺度是由原子钟导出的。根据狭义相对论原理，运动原子辐射的频率比静止原子辐射的频率低 $v^2/(2c^2)$，其中 v 为原子的速度，c 为真空中的光速。另外，根据广义相对论原理，原子的辐射频率在不同引力势的地方将有所不同。在地球重力场影响下，海拔高 h 处的原子钟，其频率将比海平面上的原子钟偏高 $gh/c^2=1.09\times10^{-16}\mathrm{h}$(高度差 1000m，频率差 1.09×10^{-13})。因此，在准确度和稳定度达到 10^{-13} 量级的时频测量中，必须考虑相对论效应修正。参与 TAI 工作的实验室铯原子钟的数据都做了相对论修正。国际秒定义咨询委员会将国际单位制中秒长定义成在转动的大地水平面上的原子时，每个原子钟都必须改正到平均海平面高度。相对论修正对飞行钟和空间技术的应用尤为重要。

8.6.4　协调世界时

高稳定度的原子时满足了精密校频等物理学测量中的高精度时间频率用户对时间的均匀性和准确度的需求，但是原子时的时刻没有实际的物理意义，而且在大地测量、天文导航、宇宙飞行体的跟踪测量等领域中世界时具有实际应用价值，因此用户的不同需求产生了原子时和世界时如何协调的问题。

自 1959 年起，一些国家的授时部门在采用以原子时为标准发播时号的同时，不定期地对发播信号的载频实施时刻阶跃以及频率调偏的方法，使发播的时号尽量接近 UT1。1960 年，ITU 向 BIH 提出建议，将实施频率调偏修正的日期固定下来，在一年中频率差不再改变。该建议得到了采纳，这就是闰秒(跳秒)的由来。

自 1967 年起，原子时正式成为时间测量标准，国际上采用上述频率调偏和时刻阶跃的办法发播时号，所得时间尺度的秒长不仅与定义值有人为调整的偏差，而且逐年变化，再加上时刻阶跃过于频繁，这些都给应用部门带来了不便。IAU 于 1970 年提出一种新的协调方案，ITU 于 1971 年确定了它的实施细则。这就是从 1972 年 1 月正式成为国际标准时间的协调世界时(UTC)，它代表了两种时间尺度 TAI 和 UT1 的结合，由以下两个对任何时间都有效的公式来定义：

$$\begin{cases} \mathrm{UTC}(t)-\mathrm{TAI}(t)=n\mathrm{s}, & n\text{为整数} \\ |\mathrm{UTC}(t)-\mathrm{UT1}(t)|<x\mathrm{s}, & x<1 \end{cases} \tag{8.15}$$

1974 年以前 $x=0.7$,之后 x 改为 0.9。UTC 的具体实施办法是:取消频偏调整,使 UTC 秒长严格等于 TAI 秒长,在时刻上又使 UTC 接近于 UT1。由地球自转速率不均匀引起的 UT1 与 TAI 的差值采用在 UTC 时刻中加 1s 或减 1s 的闰秒(跳秒)措施来补偿。闰秒的时间定在 6 月 30 日或 12 月 31 日,也就是说使 UTC 在 6 月 30 日或 12 月 31 日这两个日期的最后一刻为 61s 或 59s。

UTC 在 1958 年 1 月 1 日 24 时与 UT1 相等。1971 年首次增加闰秒以来,协调世界时已经调整了 27 个闰秒(截至 2017 年),均为正闰秒。2017 年 1 月 1 日做了闰秒之后,UTC 比 TAI 落后 37s。值得注意的是,地球自转的不均匀性,特别是它的长期减慢,使得 UT1 与 TAI 的差值越来越大,估计 4000 年之后 UT1 将比 TAI 落后 12h。如果一直沿用 UTC,到那时可能会达到每个月闰秒两次(王正明,2004a)。

目前,几乎所有国家时号的发播均以 UTC 为基准。UTC 是均匀但不连续的时间尺度,被国际科学界和商业界广泛采用,作为时间和频率的实用标准。UT1-UTC 或 TAI-UTC 主要用于地固系和惯性系之间的坐标转换。跳秒影响了 UTC 时间的连续性,因此 UTC 不能用作一个独立变量来描述天体的运动。天文年历的时间是基于 UTC 时的,因而受到跳秒的影响。

8.6.5　力学时

当考虑相对论影响时,实验室所测的时间不再一致。天文学中,天体的星历是根据天体力学理论建立的运动方程编算的,其中采用的独立变量——时间参数 T,被定义为力学时。常见的力学时包括地球质心坐标时(geocentric coordinate time,TCG)、太阳系质心坐标时(barycentric coordinate time,TCB)、地球质心力学时(terrestrial dynamical time,TDT)、地球时(TT)、太阳系质心力学时(barycentric dynamical time,TDB)(张悍卫等,2004)。

1. 地球质心坐标时

TCG 在 1977 年 1 月 1 日 24 时与 TT 一致。两者之间存在一个尺度因子 $L_G=6.969290134\times10^{-10}$,其转换关系为

$$\mathrm{TCG}=\mathrm{TT}+L_G\times(\mathrm{JD}-2443144.5)\times86400\mathrm{s} \tag{8.16}$$

式中,JD 为计算时刻儒略日(下同)。在 J2000 时刻,TCG−TT 在 0.5s 左右。

2. 太阳系质心坐标时

为了在非旋转相对论框架下以太阳系质心为原点描述太阳系天体的运动,人们引

入了 TCB。TCB 与 TCG 在 1977 年 1 月 1 日 24 时与 TAI 相匹配，仅存在速度差异：

$$\frac{\mathrm{d(TCB-TCG)}}{\mathrm{dTCG}} \approx \frac{\mathrm{GM}_\odot}{ac^2} + \frac{v_\oplus^2}{2c^2} \approx \frac{3}{2}\frac{\mathrm{GM}_\odot}{ac^2} \approx 1.5\times10^{-8} \tag{8.17}$$

从式(8.17)中可以得出：两者速度差受平均日地距离(a=1AU)处的太阳引力场、地球轨道速度 $v_\oplus$ 的影响。式(8.17)中光速 c=299792458m/s。J2000 时 TCB 与 TCG 差异约为 11s。TCB 与 TCG 之间的转换公式可以表示为

$$\mathrm{TCB}=\mathrm{TCG}+\frac{L_\mathrm{C}(\mathrm{TT}-\mathrm{TT}_0)+P(\mathrm{TT})-P(\mathrm{TT}_0)}{1-L_\mathrm{B}}+c^{-2}v_\mathrm{e}(x-x_\mathrm{e}) \tag{8.18}$$

式中，v_e、x_e 分别为地球质心在太阳系质心坐标系内的速度及位置向量；x 为测站在太阳系质心坐标系内的坐标，其中

$$L_\mathrm{C}=1.48082686741\times10^{-8}$$

$$L_\mathrm{B}=L_\mathrm{C}+L_\mathrm{G}=1.55051976772\times10^{-8}$$

TT_0 对应 JD 2443144.5 TAI(1977 年 1 月 1 日 24 时)。周期项 P(TT)最大振幅为 1.6ms，P(TT)可以利用傅里叶分析模型进行计算，还可以利用时间历表 TE405 获取 $P(\mathrm{TT})-P(\mathrm{TT}_0)$ 的数值。TE405 在 1600～2200 年范围内，计算精度可以达到 0.1ns。

3. 地球质心力学时

TDT 为地心参考框架力学时。1991 年改称其为地球时 TT，是使用理想钟在大地水准面上测得的时间尺度，因此它只是概念上的时间尺度。在地球时的时间尺度中，一天包含 86400 原子时秒。TAI 利用原子钟在实际应用中实现了地球时的时间尺度：

$$\mathrm{TDT}=\mathrm{TT}=\mathrm{ET}=\mathrm{TAI}+32.184\mathrm{s} \tag{8.19}$$

4. 太阳系质心力学时

TDB 为 IAU 在 1976 年定义的时间尺度，它与 TDT 仅在周期项中存在差异，后由 TCB 代替。TCB 与 TDB 之间的转换公式为

$$\mathrm{TCB}=\mathrm{TDB}+L_\mathrm{B}(\mathrm{JD}-2443144.5)\times86400\mathrm{s}+P_0 \tag{8.20}$$

式中，$P_0\approx6.55\times10^{-5}$s。由于 TDB 与 TT 具有相同的速率，TDB 时间尺度在分析 TDB−TT 较小变化量中具有优势。TDB 在太阳系动力学模型中也具有独特的优势。目前在后牛顿方程中两种时间尺度均可以应用，但 TDB 秒长较长，与 TCB 秒长有一定系数比。此外，为了保持光速 c 数值不发生变化，在采用两时间尺度时，相应的长度单位米也发生了变化。TCB 定义相对 TDB 较晚，TDB 时间尺度仍然广泛应用于高精度太阳系历表计算中。

综上，各时间尺度的相互联系及转换关系如图 8.6 所示。

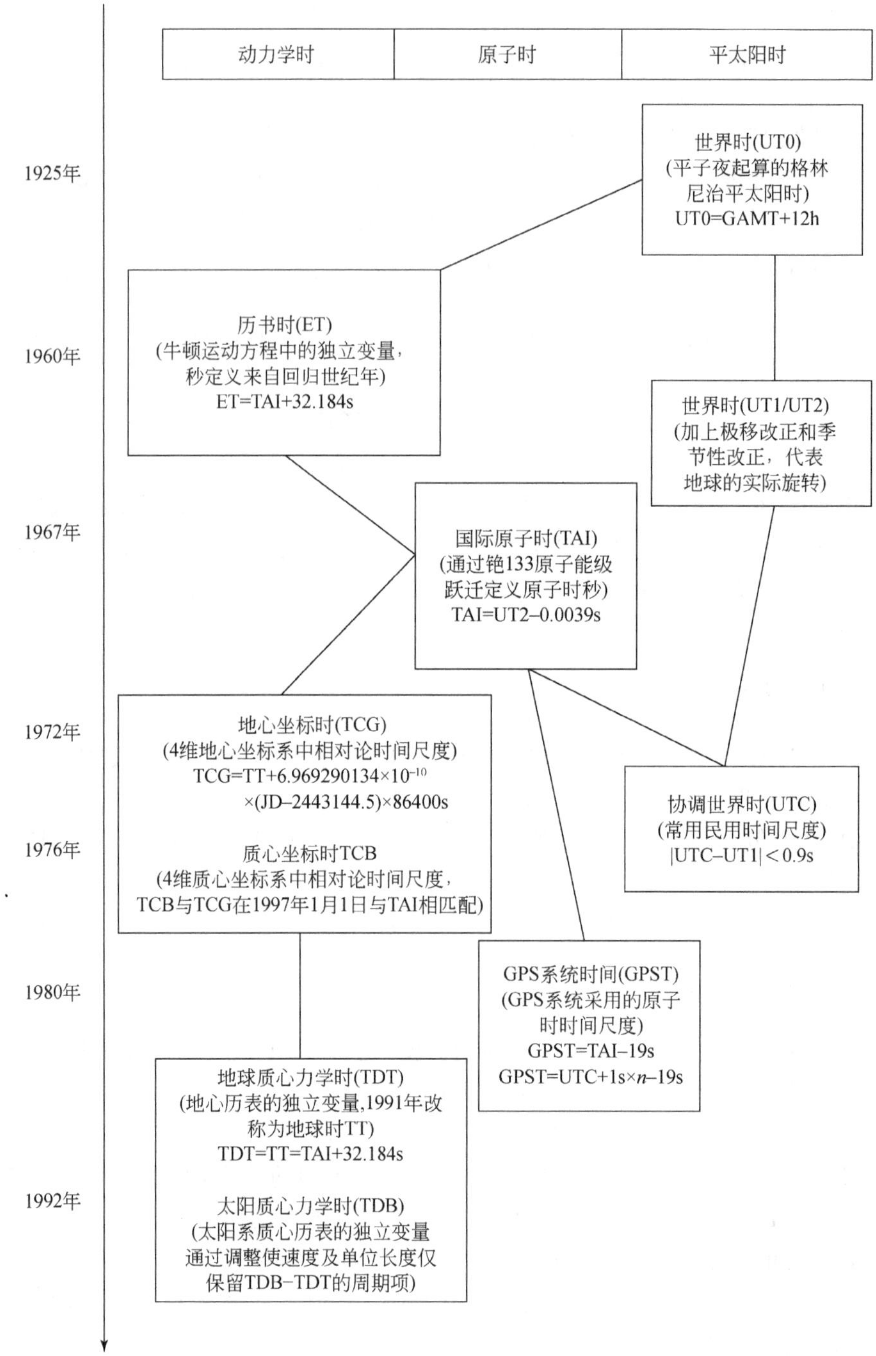

图 8.6　时间尺度发展及转换关系

第 9 章　卫星导航常用时间基准

导航定位技术用于确定和提供空间信息，而时间频率技术用于确定和提供时间信息，时间频率技术与导航定位技术的发展密切相关，相互促进。对于现代卫星导航系统，精确的时间频率是其核心基础之一。时间频率技术在本身发展的同时，也对卫星导航系统的发展起着重要的促进和支撑作用。本章主要阐述与 GNSS 常用时间系统相关的问题，包括时间系统框架的定义、时频系统的发展、原子钟技术、时间比对技术、守时和授时等。

9.1　时间频率的重要作用

时间频率在现代社会的各个领域都具有十分重要的作用，随着科学技术水平的不断进步，其重要性愈加彰显。时间和频率是人们生活和工作当中最常用到的两种基本参量。现代量子频标的出现和电子技术的进步，极大地提高了时间频率计量测试的稳定度和准确度，使之遥遥领先于其他量值的计量水平。时间频率也因此成为当前物理量准确计量的基础，其他量值计量若能转换为时间频率计量，水平均将显著提高。为完成这种转换而重新定义的量值有：长度单位米(1983)、电压单位伏特(1990)、电阻单位欧姆(1990)。精密时间是现代高科技发展的必要条件，精密时间的应用涉及基础研究领域(天文学、地球动力学、物理学等)和工程技术领域(信息传递、电力输配、深空跟踪、空间旅行、导航定位、武器实验、交通运输、地震监测、计量测试等)的各个方面，每个系统内部运作或者不同系统之间的协调都需要有统一的时间系统(王正明，2004b)。随着科学技术的发展，人们对时间频率的指标要求不断提高，时频计量的手段由原始的日晷、依靠太阳观测发展到近代的机械钟表、精密天文观测再到现代的原子钟，时频计量的理论基础也由经典的牛顿理论发展为现代的广义相对论(蔺玉亭，2009；韩春好，2012)。

9.2　时间系统框架的定义

时间系统也称为时间基准或时间标准。频率基准规定了秒长的尺度，任何一种时间基准都必须建立在某个频率基准的基础上，因此时间基准又称为时频基准。时间系统框架是在某一区域或全球范围内，通过守时、授时和时间频率技术，实现和维持统一的时间系统。

与坐标的参考框架是坐标系统的实现类似，时间系统框架是对时间系统的实现。描述一个时间系统框架通常需要涉及以下四个方面的内容。

9.2.1 时频基准

时间系统决定了时间系统框架采用的时频基准。不同的时频基准，其建立和维护方法不同。历书时是通过观测月球来维护的；动力学时是通过观测行星来维护的；原子时是由分布在不同地点的一组原子频标来建立，通过时间频率测量和比对的方法来维护的。

9.2.2 守时系统

要使大到全世界、小到一个实验室内部不同时钟所报告的时间都一致，则必须通过一套硬、软件系统来实现，这个系统就是守时系统。守时，即保持时间尺度的连续、均匀、准确，以守时钟或守时钟系统为其物理实现。从完整的概念来说，守时涵盖了 3 个重要方面：①用什么样的钟？如何通过一组钟的有机结合来产生稳定的时间尺度？②以什么时间作为国际标准参考时间？③如何使全球不同的钟、不同的时间尺度同步到国际公认的标准时间上来？守时是整个时间工作中最关键的一环，它的任务是产生和保持高精度的准确时间，以满足人类科学、实验、生产和生活方方面面的需求。

守时系统用于建立和维持时频基准、确定时刻。为保证守时的连续性，不论是哪种类型的时间系统，都需要稳定的频标。守时系统还通过时间频率测量和比对技术，评价系统内不同框架点时钟的稳定度和精确度。习惯上把不稳定性用稳定度这个指标来评估，例如，TAI 的稳定度为 3×10^{-15}，就是指 TAI 在取样时间内的不稳定性。

守时工作是时间服务工作的核心内容。高精度守时已经由单一原子钟守时发展为原子钟组的综合守时，通过建立大规模守时钟组提高时间系统的性能指标。

9.2.3 授时系统

授时系统主要是向用户授时和提供时间服务。确定、保持某种时间尺度，通过一定方式把这种尺度的时间信息传送出去，供应者使用，这一整套操作在中国称为授时，在其他国家称为时间服务。授时和时间服务可通过电话、网络、无线电、电视、专用(长波和短波)电台、卫星等设施和系统进行，它们具有不同的传递精度，可满足不同用户的需要。长波(Loran-C)和短波发播是为传递时间频率信号(用于导航、定位)而专设的，我国已由中国科学院国家授时中心及海军承担。我国的北斗卫星导航系统也已附加了授时功能。卫星导航系统已成为当前高精度长距离时间频率传递的最主要技术手段。

9.2.4　覆盖范围

覆盖范围是指区域或是全球。GPS 广泛使用以来,通过与 GPS 信号的比对来校验本地时间频率标准或测量仪器的情况越来越普遍,原有的计量传递系统的作用相对减少。目前,除 GNSS 外,这种标准时间频率信号发播系统还有 Loran-C 系统,我国有短波 BPM(2.5MHz,5.0MHz,10.0MHz,15.0MHz)和长波 BPL(100kHz)授时系统、北斗卫星导航系统以及电视和电话系统等。每种手段既有一定局限性,又可互相替补,既起着时频基准的作用,又是实用的信息载体,其服务概念远超计量范围。

9.3　GNSS 常用时间系统

全球卫星导航系统 GNSS 是基于测时、测距的系统。在 GNSS 测量工作中,时间是一个基本的观测量,既要稳定又要连续,卫星的信号、卫星的运动、卫星的坐标等都与这一基本观测量密切相关。为此,GNSS 中卫星钟和接收机钟均采用稳定而连续的 GNSS 系统时间尺度。目前,已经成熟的 GNSS 均建立了独立的时间尺度,而且 Galileo 系统也不例外,同样建立了自己的参考时间系统。

兼容与互操作是随着 GPS 和 GLONASS 的现代化、北斗卫星导航系统和 Galileo 的兴起而面临的新挑战。兼容性是指分别或综合使用多个 GNSS 及其增强系统,不会引起不可接受的干扰,也不会伤害其他单一卫星导航系统的操作与服务;互操作是指综合利用多个 GNSS 及其增强系统,能够在用户层面比单独使用一个系统获得更好的服务,并且不会给接收机生产厂商和用户带来额外的负担和成本。兼容与互操作已经成为 GNSS 的发展趋势(杨元喜等,2016)。

9.3.1　GPS 的时间基准 GPST

GPST 是 GPS 运行的系统参考时间尺度,采用 TAI 秒长作为时间基准,原点为 1980 年 1 月 6 日子夜 UTC 零时。GPST 由一组独立的原子钟维持,属于原子时时间尺度,GPST 由 GPS 主控站控制与保持,使其与 UTC(USNO)一致,但不做闰秒改正,保持连续且均匀的时间系统。卫星发播的卫星钟差是相对 GPST 的钟差。随着时间的积累,GPST 与 UTC 时的差异通过国际地球自转服务组织定期公布。GPST 与 USNO 原子时之间的差异保持在 1μs 以内,与 TAI 存在常数偏差以及由实现中采用的原子钟不一致所造成的精度差异保持在 5μs 以内,它们之间的换算关系如下：

$$\mathrm{GPST}=\mathrm{TAI}-19\mathrm{s} \tag{9.1}$$

$$\mathrm{GPST}=\mathrm{UTC}+1\mathrm{s}\times n-19\mathrm{s} \tag{9.2}$$

截至 2017 年 1 月 1 日，TAI 比协调世界时快了 37s（即 $n=\mathrm{TAI}-\mathrm{UTC}=37\mathrm{s}$），那么 GPST 比协调世界时快了 18s。GPST 与各种时间系统的关系如图 9.1 所示。

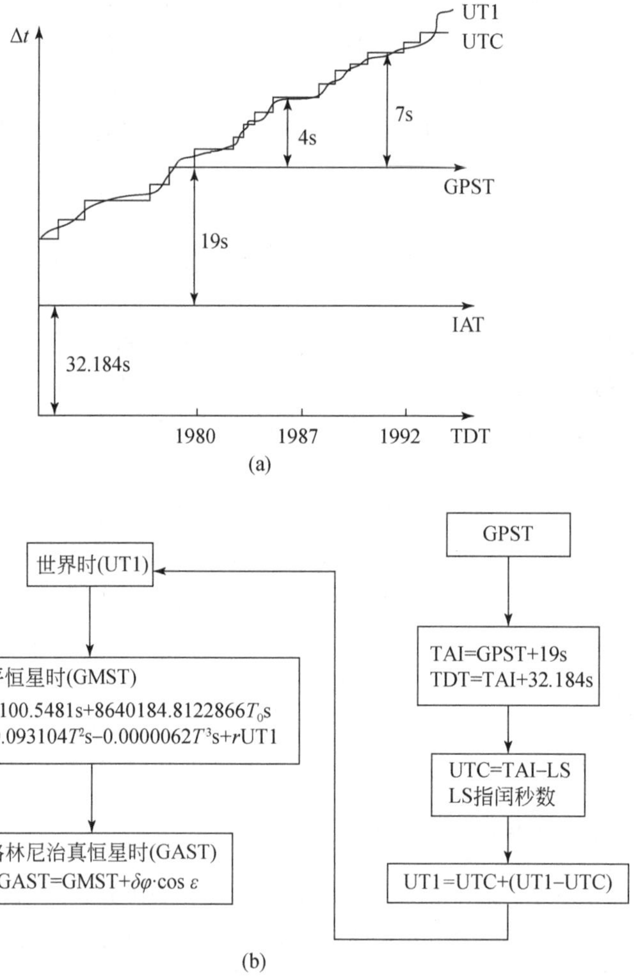

图 9.1　GPST 与各种时间系统的关系

GPST 基准是由地面主控站、监测站的高精度原子钟以及 20 多颗卫星的星载钟共同建立和维持的，其时间尺度由各原子钟加权平均得到，其中监测站钟的权重较大，而星载钟的权重只有百分之几。为了使卫星钟与 GPS 主钟之间保持精密同步，主控站采用一种自校准的闭环系统，使 GPS 的星地时间同步和校准采用单程测距法进行，并与轨道测定同步实施。

由于 GPS 在全球导航定位中占有举足轻重的地位，GPST 也随之得到了广泛应用。GPS 接收机用 GPST 记录观测时间，观测历元以 GPS 星期加 GPS 秒表示。GPS 秒为刚过去的星期日零时开始至当前时刻的秒数。位于美国华盛顿西北部的 USNO 每天跟踪 GPS 卫星的信号，测得数据以 130 个 6s 采集率收集。780s 数据涵盖了完整的 12.5min 导航信息，包括 GPS-UTC 改正和电离层模型，用于 USNO 的主钟群比较。主钟群包括一系列的铯钟（60 个）以及 7～10 个氢脉钟。每颗 GPS 卫星上的信号的发射时间是由该卫星上的厚子钟控制的，卫星上原子钟的时间与 GPST 之间的差值作为钟差的改正发送到用户。

9.3.2　儒略日和儒略年

除了采用 GPST 系统，在 GPS 研究中经常会用到儒略日和儒略年的概念。

儒略日是天文界常用的纪日法，它是公元前 4713 年 1 月 1 日格林尼治正午为起算日期，逐日累计的纪日法。例如，2002 年 3 月 1 日 12 时的儒历日为 2452334。显然，采用儒略日纪日法即使对跨年的试验应用也十分方便。

一个儒略年的长度为 365.25 个平太阳日，儒略历元是年初，如历元 1950.0 指 1950 年 1 月 1 日 24 时，对应的儒略日为 2433282.5。由于儒略日的数字很大，在一般应用中前 2 位都不变，而且儒略日是以正午为新的一日的开始，与通常的习惯及时间标准的定义不一致，常用约化儒略日（modified Julian day，MJD）来计日，即

$$\mathrm{MJD}=\mathrm{JD}-2400000.5 \tag{9.3}$$

从其定义可以看出，约化儒略日表示的是标准时。对于儒略历元 1950.0，修改的儒略日是 33282.0。在卫星导航定位研究中，人们常用修改的儒略日和日中的秒数来表示历元时刻。

公元前 4713 年 1 月 1 日的 GMT 正午为儒略历第 0 日的开始。在天文学研究中，经常会用到 1900.0、1950.0、2000.0 三个时间历元，它们对应的儒略日如表 9.1 所示。

表 9.1　儒略历元与儒略日的换算

儒略历元	儒略日
1900.0	2415020.0
1950.0	2433282.5
2000.0	2451545.0

9.3.3 GLONASS 的时间基准 UTC(SU)

为了实现精确的全球导航、定位和授时功能，GLONASS 建立了专用系统时间。每颗 GLONASS 的星载铯钟的日频率稳定性要小于 5×10^{-13}，可提供卫星相对专用系统时间约 15ns(1σ)的精度。它采用的是莫斯科时间标准，专用系统时间与 UTC(SU)的差不超过 1ms，与协调时具有相同的闰秒，但有一个 3h 的偏移常数。

GLONASS 采用俄罗斯维持的协调世界时 UTC(SU)作为时间量度基准。UTC(SU)与 UTC(BIPM)相差数微秒，后者是由 BIPM 依靠多国守时实验室的多台守时钟维护的 TAI 标准。GLONASS 时间系统保持与 UTC(SU)之差小于 1μs。GLONASS 将时间系统进行一些调整以与 UTC(BIPM)的跳秒相一致。

与 GPS 采用原子时不同，GLONASS 采用协调世界时作为时间计量基准，这可能出于卫星位置计算的考虑。GLONASS 的导航电文给出卫星在地固坐标系内的位置、速度和加速度，在计算卫星位置时涉及惯性坐标系，在两种坐标系进行转换时需要地球自转参数。从精度和实时性的角度考虑并顾及地面卫星星历计算和接收机卫星位置计算采用参数的一致性，使用俄罗斯自测的 UTC(SU)时间系统更为有利。这也许就是 GLONASS 采用 UTC(SU)作为时间计量基准的原因之一(郝金明等，2015)。

采用协调世界时作为时间计量基准的一个问题是存在跳秒，这将导致时间的不连续。当跳秒发生时，需要有相应的技术措施来保障此时系统正常工作。发生跳秒时主要产生两个问题：一是接收机在此时应能做相应跳秒；二是卫星星历的使用期限不要跨越跳秒瞬间。这些问题在采取一定的技术措施后是可以解决的。

9.3.4 Galileo 的时间基准 GST

同 GPS 和 GLONASS 一样，Galileo 系统也建立了自己的参考时间系统，称为 GST。它采用组合钟时间尺度，由所有地面钟以及卫星钟通过适当加权处理来建立和维持。GST 将与 TAI 保持一致，与欧洲多个时间实验室通过地球同步卫星进行双向时间比对，获得相对 TAI 的时钟偏差，并使这个偏差保持在规定的范围之内，同时将该偏差值在导航信息中向用户广播。GST 与 TAI 的偏差在 95%的置信区间内应小于 50ns，实时不确定度应低于 28ns(95%)，日频率稳定度应优于 5.5×10^{-14}，月频率稳定度应优于 1.0×10^{-14}。

与 GPS 相同，GST 同步也将采用单程测距，由分布在全球的 12 个轨道测定和时间同步站接收卫星发播给用户的双频伪码测距信号和记录多普勒信号，每个站配备铯原子钟,并与 GST 主钟进行精确同步。通过伪距和精密定轨得到站星距离之间的差值,得到卫星钟与地面钟之间的偏差。地面控制中心接收来自监测站的观测数据,通过共视法获得 UTC(k),经过预处理、定轨与时间同步处理模块,滤波产生钟差改正数和平均频率,钟差改正数通过上行注入站上传至卫星,平均频率作用于 Galileo 系统主钟,用于产生系统基准时间尺度 GST。

2003 年,在由 ESA 负责的 Galileo 计划中第一个实验阶段 Galileo 系统测试平台 V1(Galileo system test bed V1,GSTB V1)框架内,由意大利的阿莱尼亚宇航公司和意大利国家计量研究院负责设计和实现一个基础设施,用以产生实验 GPS (experimental Galileo system time,EGST),作为整个 GSTB V1 的唯一参考时间,并且准备一组实验来评估 Galileo 时间尺度。将实现 EGST 的设施命名为实验精密定时台站(experimental precise timing station,EPTS),并在意大利都灵实施。EGST 由专门软件实现,此软件可为 GSTB V1 系统维持参考时间尺度。实验的主要目的是测试实时生成的 EGST,在真实环境条件下对算法进行监控。此外,人们选用离线方式、可选时间尺度算法、不同时钟组合、本地测量系统、远程同步技术来测试目标时间尺度的稳定度和精度等性能。

9.3.5 北斗卫星导航系统的时间基准 BDT

北斗时(BeiDou time,BDT)是一个连续的时间系统,由地面运控系统主控站时频系统产生。它的秒长取为国际单位制秒,以“周”和“周内秒”为单位连续计数,通过导航电文发播。起始点为 2006 年 1 月 1 日 UTC00h00min00s,即在该时刻,BDT 整周数为 0,周内秒计数也为 0。

BDT 可溯源到北京卫星导航中心保持的协调世界时 UTC(BSNC)。UTC(BSNC)的频率准确度达到 10^{-14} 量级,月稳定度达到 10^{-15} 量级。BDT 与 UTC(BSNC)之间的时间偏差保持在 20ns 以内(不包括闰秒数),与 UTC 之间存在跳秒改正差,在 BD-2 卫星发播的导航电文中发播有 BDT 与 UTC(BSNC)的时差信息。BDT 的物理参考点是主控站时频系统主设备输出的 1pps 端口(100m 电缆末端)。BDT 频率准确度优于 5×10^{-13},频率稳定度优于 5×10^{-14}(1d)。

北斗卫星导航系统(BDS)的所有卫星和地面站均采用 BDT 作为标准时间,卫星星载钟实施时间信号与 BDT 的时间偏差保持在 1ms 以内,地面站实时时间信号与 BDT 的时间偏差保持在 1μs 以内。

由上述可知,GPS、GLONASS、BDS、Galileo 四大系统对应的时间系统定义差别较大,具体情况的比较分析如表 9.2 所示(杨元喜等,2016)。

表 9.2　GNSS 系统时间定义比较

系统	时间标识	时间起点	计数方法	是否闰秒	溯源基准	GNSS 偏差参数
GPS	GPST	1980 年 1 月 6 日 UTC00h00min00s (TAI+19)	周、周内秒	否	UTC(USNO)	GGTO(GPST-GST)
GLONASS	GLONASS 系统时间	与 UTC(SU)+3h 同步(TAI+36.2015)	时、分、秒	是	UTC(SU)	暂无
BDS	BDT	2006 年 1 月 1 日 UTC 00h00min00s (TAI+33)	周、周内秒	否	UTC(BSNC)	暂无
Galileo	GST	1980 年 1 月 6 日 UTC 00h00min00s (TAI+19)	周、周内秒	否	UTC(PTB)	GGTO(GPST-GST)

表 9.2 所列的各 GNSS 系统时间参数定义差异，将直接影响用户采用多 GNSS 联合导航、定位、授时的结果。GPS 和 Galileo 已经协商建立双方的监测链路并通过导航电文发播。北斗三号卫星发播 BDT 时标相对 GNSS 时标的漂移率系数，并对用户算法进行了优化，有效提升了不同系统间时间转换的精度。

为保障多系统兼容与互操作，需要获取精确的秒内偏差参数，该偏差参数的获取主要有两种途径：从系统发播的导航电文中获取，或由用户自身解算。由系统发播的时差参数精度和可靠性一般较高，建议优先使用；若由用户自行解算，则在双系统时差解算中，至少需要增加 1 个关于时差的未知参数，相当于需要额外增加一颗卫星的观测量，且观测误差、观测模型会影响解算结果的精度。当然，采用序贯平差或 Kalman 滤波解算，则在多历元数据处理后模型中增加少数待定时间参数，不会显著影响导航定位参数的解算效率(杨元喜等，2016)。

9.4　时频系统的发展

时间和频率的重要性在军事方面体现得尤为明显，准确的时间和频率在现代战争中起着至关重要的作用，对于战争胜负具有重要意义，主要体现在如下方面：

(1)统一的时间是诸军兵种联合作战和各种武器联合打击的基础。

(2)时间是信息战的核心，就军事行动而言，任何不带有精确地理位置与时间属性的战场态势信息对作战指挥是毫无意义的。

(3)精确的时间测量和时间同步是现代导航、轨道测控和目标定位的前提。精确的空间距离测量实际上是时间测量，1μs 的时间误差将导致 300m 的距离误差。

(4)高精度的频率源是电子装备的“心脏”，计算机、通信、侦察、测控、导航等各类装备都需要有准确、稳定的频率源作为支撑。

现代高技术战争是陆、海、空、天多军兵种高度配合下的立体化战争，作战指挥、控制、导航、技术侦察、信息战、电子战、战场感知、精确打击、导弹攻防、C^4ISR及空间作战等都依赖准确的时间。各个军事强国都极为重视时频系统建设，对相关设备、技术的投入不遗余力。美国相关机构于 2002 年发布的《精密时间与时间间隔科学技术的评估》报告中指出：位置(纬度、经度、高度)和时间在防御和战斗中起着关键性作用，准确度高的时钟和频率源对国防部具有生死攸关的意义。因为这些器件的准确度和稳定度是指挥、控制、通信和情报(C^3I)、导航、技术侦察、电子战、导航制导和敌我识别系统性能的决定性因素。美国、俄罗斯等多个国家都建立了独立的时间统一系统，为部队作战提供时频服务，在作战效能的提高方面发挥了关键作用。可以说，高精度时间频率已经成为当今世界武器装备系统中的核心技术之一，为全军提供高精度、大范围、稳定可靠的时间频率已成为打赢未来高技术条件下局部战争的必要条件。

为了满足科学技术和军事需要，世界各国都非常重视发展自己的时频系统，由于短波、长波授时的精度低(短波为 1ms，长波为 1μs)、覆盖范围小，卫星导航系统已经成为高精度时频传递的主要手段。目前，美国、俄罗斯、日本等国家时间保持的日稳定度已达到约 10^{-15}，时间比对的精度也达到了 0.1ns 量级(10^{-10})的水平。下面就分别介绍时频系统的结构及世界主要国家时频系统的发展情况。

9.4.1　时频系统的结构

时频系统负责产生并保持可靠、稳定的综合原子时，提供相关的时间、频率信号，并通过各种方式向用户提供时间频率服务，是组织、实施和管理时频服务的职能部门。完善的时频系统包括时频装备体系、时频技术体系和时频法规体系三部分。时频装备体系包括守时系统、授时系统、应用系统三部分；时频技术体系包括原子钟性能分析技术、综合原子时守时技术、时间频率传递与比对技术以及标准时间频率信号生成技术；时频法规体系主要包括标准时间立法、发展规则、行政技术法律法规以及统一管理。时频系统结构示意图如图 9.2 所示。

时频装备体系涵盖了时频系统的基本组成单元，是整个系统的核心。守时系统由原子钟组及其配套设备组成，由原子时计算软件控制得到综合原子时；授时系统通过卫星、长波、短波、网络等方式完成时频信号的传递，向各类用户发播，发播监测系统负责对发播系统及其信号可用性进行监测；用户所需的标准时间和频率信号由应用系统接收和生成，计量校准系统对系统频标、接收设备、比对设备进行计量和校准。

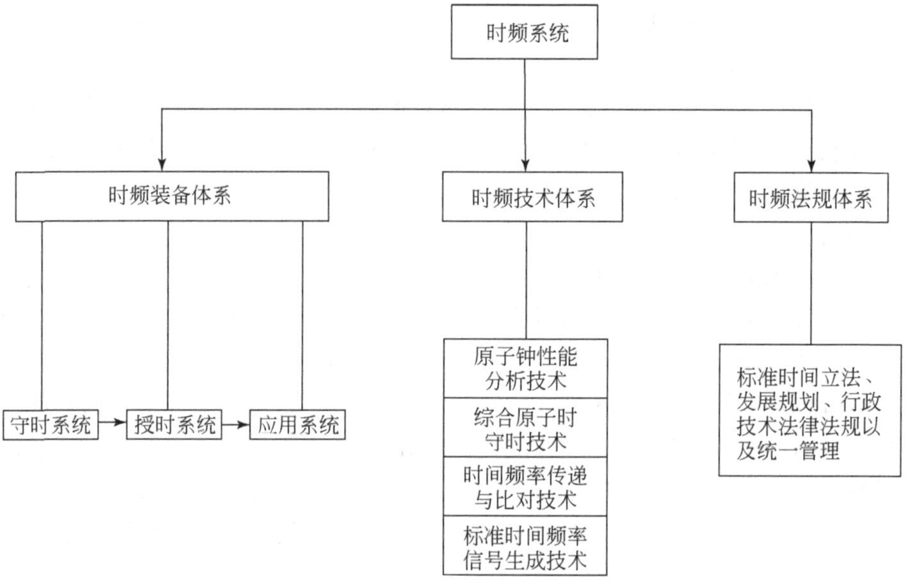

图 9.2　时频系统结构示意图(蔺玉亭,2009)

时频技术体系包括整个系统中所涉及的一系列关键技术,涵盖了时频系统的各个领域。原子钟性能分析技术和综合原子时守时技术是技术体系中的两项关键技术,原子钟性能分析技术是对原子钟的时域、频域特性进行分析,对原子钟的噪声类型进行识别和处理,给出原子钟的频率稳定度等指标;综合原子时守时技术根据系统钟组的构成给出原子钟的加权方法,为钟组内的原子钟建立精确的数学模型,提出合理的综合原子时算法,进行综合时间尺度归算,对成员钟的跳频、跳相等异常状况进行判断、处理,保证综合时间尺度在相位和频率上的连续性。

时频法规体系为整个系统的建设、使用、维护等提供法律依据,并对各类设备、信号、频率等进行规范,以保障国家的安全与国防能力,确保相关活动的正常开展。

9.4.2　美国时频系统的发展

1. 美国的守时系统

USNO 保持的协调世界时 UTC(USNO)的性能优良,其作为 GPST 的基准,随着 GPS 的广泛应用,于 1986 年正式成为美国国家标准时间。USNO 拥有世界上最庞大的原子钟组,在 TAI 钟所占的比例最大,其守时系统由 72 台 HP5071 商品铯钟和 16 台 $\sigma\tau$ 商品氢钟组成的钟组以及庞大的比对设备和数据处理系统等构成。

钟组分布在华盛顿本部和科罗拉多斯里佛空军基地。守时钟组保存在 19 个温度控制在 0.1℃、相对湿度控制在 1 %的钟房内。GPS 主钟(master clock,MC)

提供实时的时间信号 UTC(USNO)。它通过动态调整与钟组给出的纸面时(即标准时间)相一致。GPS 主钟在华盛顿本部有三个备份,同钟房一个,邻近钟房一个,还有一个在另一个建筑物内。目前,USNO 的守时精度已达到 10^{-15}。

美国 GPS 由地面主控站、监测站以及空间运行卫星组成,在轨运行卫星超过 30 颗。为了满足精密导航和测量的需要,GPS 建立了专用的时间系统。其主控站、监测站和卫星上都配备高精度的原子钟。GPST 间系统是连续的原子时系统,不需要进行协调世界时的跳秒改正。它以 GPS 周加秒形式计数,最大秒计数不超过 604800s。其秒长与 TAI 相同,但时间起点不同,GPST 与 TAI 之间存在一个常量偏差,即

$$\mathrm{TAI}-\mathrm{GPST}=19\mathrm{s}$$

GPST 与协调世界时的时刻在 1980 年 1 月 6 日 24 时相一致,其后随着时间的积累两者之间的差别将表现为整秒的整倍数:

$$\mathrm{GPST}=\mathrm{UTC}+1\mathrm{s}\times n-19\mathrm{s}$$

式中,n 为调整参数。GPS 是以组合钟的方式产生系统时间的,即系统的时间基准由地面主控站、监测站的原子钟以及 30 多个卫星的星载钟共同建立和维持。系统的时间尺度由各原子钟加权平均得到,监测站钟的权重较大,星载钟的权重只占百分之几。监测站科罗拉多的喷泉钟和阿森松岛的铯钟的权重最大。

2. 美国的授时手段

GPS 是发播美国国防部标准时间的主要手段,它为美军在全球范围的军事活动提供了统一的高精度时间频率标准,GPS 授时示意图如图 9.3 所示。

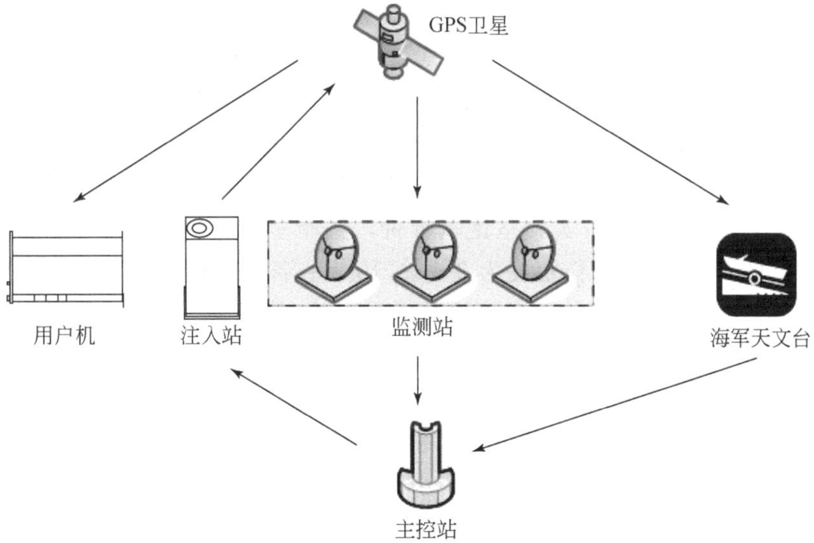

图 9.3　GPS 授时示意图

GPS发播的系统时间与美国国防部标准时间UTC(USNO)略有差异。GPST由GPS的星载钟和主控站及5个地面监测站的原子钟综合而成。GPS监测站接收卫星发来的信号,测量地面钟与星载钟之间的钟差,并把所测量的结果通过通信网络输送到主控站。主控站以GPS主钟为参考,对监测站测量的钟差进行处理,求出各地面钟和星载钟相对于GPS合成钟的偏差,并通过注入站将结果注入卫星,由卫星用广播星历发播给用户。

事实上,从GPS的广播信号中可以获取三种可用的时间信号:GPST、UTC(USNO MC)和卫星原子钟时间。GPS主钟与UTC(USNO)的时间偏差规定不能超过1μs,大于该指标时,要对主钟进行调整。USNO对GPS的时间发播进行监测,以便为导航定位系统提供一个稳定可行的时间参考基准。广播星历中包含了一套UTC(USNO MC)相对于GPST的改正数,同时包含了两者的整秒误差,截至1996年,GPST－UTC(USNO MC)＝11s;到2009年,GPST领先UTC(USNO MC)15s。利用广播星历提供的GPST和UTC(USNO MC)的时差和时间变化率,接收机可以得到UTC(USNO MC)的时间估计值。在目前的精度水平下,GPST估计UTC(USNO MC)的精度为10ns(1σ),而UTC(USNO MC)与UTC的时差也约为10ns,因此GPST估计UTC的不确定度为14ns(李硕等,2011)。美国国防部的授时手段除了GPS,还有许多备份手段,包括海岸警卫队的Loran-C系统、USNO的电话、网络授时等。

9.4.3　俄罗斯时频系统的发展

1. 俄罗斯的守时系统

俄罗斯国家时间标准分为4级:国家标准时间(一级时间)、备份时间、二级时间和用户时间。俄罗斯国家标准时间UTC(SU)由俄罗斯国家时间频率服务中心(即俄罗斯时间计量与空间研究所)建立和保持。守时钟组包括15台俄罗斯生产的高性能氢原子钟和一台实验室铯基准钟。实验室大铯钟的频率准确度为3×10^{-14}。UTC(SU)的频率稳定度为$3\sim5\times10^{-15}$。备份时间的水平接近国家标准时间。二级时间保持单位的设备除铯基准钟以外,其他与保持国家标准时间的设备一样,只是数量少一些。

GLONASS系统时间由主控站的主钟定义,是以中央同步器时间为基础产生的。GLONASS卫星导航时间系统采用GLONASS时间,与俄罗斯国家标准时间UTC(SU)之间存在3h的固定偏差和小于1ms的附加改正数τ_c,其准确度优于1μs,其关系如式(9.4)所示(刘忆宁等,2016)。当UTC跳秒时,GLONASS系统时间也进行跳秒改正,计划进行GLONASS系统时间跳秒修正时,需至少提前8

周通过公报等形式通知用户，以便用户采取相应的处理。由于进行了跳秒改正，在 GLONASS 系统时间与 UTC(SU)之间不存在整秒偏差，因此在向用户广播系统时间与 UTC(SU)之间的偏差时可以缩减信息容量。

$$t_{\mathrm{GLONASS}}=\mathrm{UTC(SU)}+3\mathrm{h}+\tau_{\mathrm{c}} \tag{9.4}$$

式中，$\tau_{\mathrm{c}}<1\mathrm{ms}$，要求其准确度 $\sigma_{\tau_{\mathrm{c}}}<1\mu\mathrm{s}$。

GLONASS 每颗卫星载有 3 台铯钟，它们的频率稳定性优于 5×10^{-13}，GLONASS 卫星的时间同步精度约为 20ns(1σ)。地面每 12h 对星载钟校准一次。

2. 俄罗斯的授时系统

俄罗斯标准时间信号的发播手段有电视，无线、有线通信系统，短波、长波无线电系统，超长波无线电导航系统和 GLONASS 卫星导航系统。发播系统基本上由国防部控制。按国家规定，各种发播系统发播的时间信号与国家标准时间必须保持在一定的精度范围内，目前的偏差限制为 1μs，准备提高到 100ns。

9.4.4　其他国家时频系统的发展

德国、法国、英国、意大利等欧洲国家都有自己的时频体系，其不但有自己的时频守时实验室，而且拥有自己的时频发播手段。全世界的时间参考标准 TAI 由国际计量局 BIPM 提供。BIPM 设在法国巴黎，其时间部负责收集世界上 60 多个时频实验室约 300 台(分布在几十个国家)各类高精度原子钟的时间比对数据，并进行统一处理，产生 TAI。德国 PTB 保存着世界上最精确的频率基准，欧洲的一些中小国家的时间频率直接溯源于 PTB。

Galileo 时间系统计划采用组合钟时间尺度，由所有地面钟组以及星载运行原子钟通过适当加权处理来建立和维持。Galileo 系统每颗卫星载有 4 台原子钟，两台铷原子钟互为热备份，两台被激型氢钟为冷备份。卫星钟的状况由定轨和同步站进行监测。Galileo 系统的精密定轨与时间同步和 GPS 一样，计划采用单程测距，全球分布的 12 个轨道测定和时间同步站负责接收卫星发射给用户的双频伪码测距信号和多普勒信号，同时每个站配置与系统主钟精确同步的铯原子钟。将伪距和精密定轨得到的站星距离作差得到卫星钟与地面钟之间的偏差。各监测站的观测数据和通过共视法获得的 UTC(K)/TA(K)数据被地面控制中心接收，先经预处理，再经定轨与时间同步处理模块处理滤波产生钟差改正数和平均频率，钟差改正数通过注入站上传至卫星，平均频率作用于 Galileo 系统主钟产生系统时间基准。Galileo 系统每 30min 对星载钟更新一次校准数据，以满足时钟与轨道误差的综合误差不超过 0.65m。Galileo 系统校准时间间隔较小的主要原因是要减小卫星钟周跳的影响。

9.4.5 我国时频系统的发展

目前,国内提供时间频率服务的单位主要有中国科学院国家授时中心、中国计量科学研究院、中国航天科工集团第二研究院 203 所。这 3 个机构各自保持独立的本地 UTC(K),并分别参加 TAI 的加权计算,但他们之间缺乏协调,各自保持的系统时间并不一致,在国际守时计算中权重占比较低。其中,中国科学院国家授时中心在 20 世纪 60 年代开始建设授时台,截至 2020 年,已经建立了包括 20 台铯钟和 10 台氢钟的守时钟组。中国计量科学研究院和中国航天科工集团第二研究院 203 所也建有不同规模的钟组。在授时方面,中国科学院国家授时中心建立了长波 BPL 授时系统和短波 BPM 授时系统,并开展了网络授时服务。中国计量科学研究院则利用电视、电话等手段进行授时服务。上述授时手段的精度较低,精度最高的长波授时也只能达到 800ns 的不确定度,且覆盖范围有限,难以实现国土范围内的高精度服务。

我国第一台铯喷泉钟于 2003 年由中国计量科学研究院研制成功,其准确度为 8.5×10^{-15}。上海天文台研制的氢钟的日稳定度能够达到 1×10^{-14},但是其频率稳定性和可靠性还有待提升。国内星载钟目前主要采用铷钟,性能指标基本可以满足需求。国产时频终端主要有北斗接收机、长波接收机、短波接收机等。国产时频终端在设备性能、授时精度和价格等方面难以满足用户的要求,从而使 GPST 频终端在各应用领域占据统治地位,这给经济建设、国家安全造成了很大隐患。综上所述,我国时频系统的发展具有以下特点:

(1)时间频率服务于国家生活的各个方面,不可或缺,其重要性也越来越受到重视。

(2)我国尚未建立独立、统一的时频系统,没有建立完善的体系和相应的职能部门,也没有配套制度和法规。

(3)时频标准不统一,尽管时频实验室的建设具备初步规模,但国内的几个守时实验室仅维持各自的时间标准,且缺乏覆盖国土范围的高精度时间发布手段。

(4)时频设备的自主研发能力不足,生产工艺落后,导致设备的精度、可靠性不高。

(5)时频领域核心技术较国际先进水平仍有差距,技术研发投入不足,包括原子钟相关技术、综合守时技术、时间比对技术在内的核心技术缺乏创新性的理论成果,制约了时频系统的发展。

(6)时频系统的作用日益凸显,迎来了良好的发展机遇。

建立我国独立自主的时频系统是一项极为重要而迫切的任务。自我国军用时频基准建设项目启动以来,军用时频技术不断发展完善,军用时频管理中心于 2010 年 4 月正式发播信号,并由《中国人民解放军标准时间管理规定》确立为全军统一的标准时间。

UTC(BSNC)依据综合原子时概念设计,由时频系统建立和保持,时频系统由原子钟组、内部测量单元、外部比对单元、数据处理单元和信号产生单元等组成。系统由数十台氢脉泽原子钟完成守时工作,组成原子钟组并提供时间和频率信号。内部测量单元对钟组内的初始时间频率信号进行观测,以循环测量模式给出时间和频率信号之差。UTC(BSNC)与其他时间尺度的偏差由外部测量单元得到。数据处理单元以内部测量单元和外部测量单元的测量信息为基础,依照特定的算法计算得到相对一致的时间尺度,并作为导航系统的时间参考。信号产生单元对原子钟的主钟频率信号实施频率驾驭,产生实时的物理时间信号。

对军用标准时间的保持采用铯原子钟和氢原子钟联合守时(图 9.4),可以达到频率准确度为 1×10^{-14}(相当于 300 万年不差 1s)、频率稳定度为 5×10^{-15}(30 天)、UTC 时间偏差小于 50ns(相对于 UTC)(韩春好,2012)。

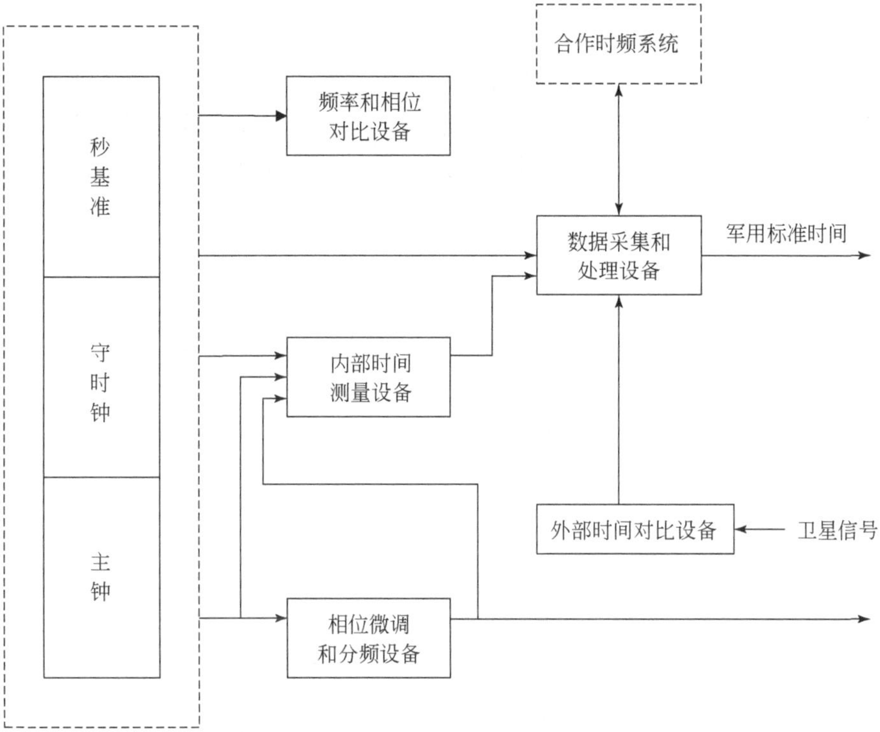

图 9.4　军用标准时间保持原理框图

9.5　原子钟技术的发展

多年来,时频计量技术发生了巨大的变化,带来了时频计量精度指标的显著提高。最初人类测量时间的标准是天体运动,随着科技的进步,对时间的稳定度和频率准确度要求越来越高，世界时、历书时难以满足要求，原子钟的诞生恰逢其时。1955 年，世界上第一台有效运转的原子钟在英国皇家物理实验室研制成功，各世界强国都对时频领域研究投入了巨大的人力和物力，原子钟在时频领域占据主导地位。时频计量技术的发展日新月异，原子频标的精度指标保持了每 5～10 年一个数量级的指数增长势头。

按照频率跃迁原子（或离子）的类别，目前原子钟主要分为氢原子钟、铯原子钟、铷原子钟、汞原子钟等。原子钟的基本工作机理描述如下：各类分子在射频电场作用下电离为原子，于高真空室形成原子束，原子束进入选态磁铁后进行选态，并在谐振腔内利用原子（或离子）的超精细能级跃迁产生氢脉泽信号，原子钟的锁相系统接收氢脉泽信号，并把 10MHz 晶体振荡器输出信号的相位锁定到氢脉泽信号输出相位上，从而得到所需输出电平与频率。同时，原子钟内还包含了腔体自动调谐系统、恒温控制系统、流量控制系统等，通过各个环节的精密控制，保证输出信号达到很高的频率准确度和频率稳定度。电子技术的发展促进了原子钟性能的提高，从传统的模拟电路到现在的数字电路，计算机的应用和信号处理技术的发展对提高原子钟的性能也起到一定的推动作用。目前，技术比较成熟、应用较为广泛的原子钟如表 9.3 所示。

表 9.3　各类原子钟及其特性

参数	商品铯钟		商品氢钟		商品铷钟
	标准型	优质型	主动型	被动型	
频率日稳定度	7×10^{-14}	4×10^{-14}	5×10^{-15}	1×10^{-14}	3×10^{-12}
频率准确度	3×10^{-12}	1.5×10^{-12}	3×10^{-13}	5×10^{-13}	10^{-11}
频率日漂移率	1×10^{-15}	1×10^{-15}	1×10^{-15}	1×10^{-15}	10^{-11}
寿命/a	5	3	5～9	5～9	3～4
重量/kg	26～34	40	44～200	23～100	14～18

激光冷却和离子囚禁理论的提出对原子钟技术的发展具有重要意义，美国斯坦福大学利用这一理论在实验室实现了对钠原子的激光减速。1985 年，利用光学黏团对钠原子的激光冷却实验宣告成功，此后又实现磁光阱和囚禁原子技术。1989 年，维曼及其研究组在美国科罗拉多大学也成功实现了囚禁原子技术（2001 年获诺贝尔物理学奖）。铯喷泉钟的概念受制于热运动原子束中慢原子的缺乏和对原子束难以实现有效的减速，这种方法一直未能构成实用装置。激光冷却与囚禁原子技术的发展重新引发了人们对原子喷泉的兴趣。和传统铯束频标相比，利用激光冷却和囚禁原子技术研制的铯喷泉钟由于原子速度降低，有效减小了与速度有关的多项频移效应；增加了原子与电磁场的作用时间，使谱线变窄；由于两次通

过一个谐振腔,避免了腔相移。利用激光冷却技术和囚禁原子技术研制的第一台铯喷泉原子频率标准于 1996 年完成,它的准确度为 3×10^{-15},长期稳定度为 2×10^{-15}。

目前,美国、法国、德国等国家已经成功研制了铯喷泉钟,中国也成功研制出 NIM4 型和 NIM5 型铯喷泉钟。

目前,美国国家标准与技术研究院(National Institute of Standards and Technology,NIST)、德国 PTB 等研制的铯喷泉基准钟准确度达到了 10^{-16} 量级。美国安捷伦公司生产的商品铯钟 5071A 系列日稳定度优于 10^{-14},频率准确度约为 5×10^{-13},是目前应用最广泛的守时铯原子钟。俄罗斯生产的 CH1 系列原子钟日稳定度可达到 10^{-16} 量级,准确度约为 1×10^{-12},并具备良好的环境适应性。国内方面,中国计量科学研究院制造的 NIM5 型铯喷泉钟准确度达 10^{-15} 量级,可作为守时频率基准使用。上海天文台生产的 SOHM 系列氢钟日稳定度在 10^{-14} 量级,可靠性也在不断提高。原子频标的研制水平不断提高,为高精度的守时提供了有力的设备支持(王正明,2004b;郭海荣,2006;蔺玉亭,2009)。

上述介绍的频标都是用原子和分子的微波谱线作为参考标准的。对于更高频率的频率基准,因过去缺乏频谱很纯的相干辐射源和适当的频率测量手段而难以实现。激光的问世改变了这种局面,使得利用光频谱线作为频标成为可能。微波频标到光频标是一个总的趋势。光频测量链取得的突破性进展可将光频测量与微波频率联系起来,使得光频标的实用化成为可能。

9.6　时间比对技术的发展

时间比对技术帮助用户从时间发播处获取标准时间,是实现高精度授时的关键技术之一。时间比对的误差被传递到用户端,因此要求时间比对的精度高于标准时间信号的精度。经过时间比对,不同时钟之间就可以完成时间同步。远程时间比对技术不仅是世界各国共同参考的标准时间(UTC)的形成、各国或各实验室标准时间准确度保持的需要,而且卫星导航系统高精度系统时间的建立和维持也需要将分布在各地的原子钟进行高精度比对。可以说,没有高精度的时间比对技术就不可能使分布在不同地方的地面实验室、不同空间飞行器和不同用户的时钟保持高精度的时间同步,也就不可能实现高精度的守时和授时。

20 世纪 70 年代远程授时服务的主要手段是 Loran-C 系统、短波等,时间比对精度在毫秒到微秒量级,频率比对的准确度可达 10^{-12},此后随着空间技术的发展,利用地球同步卫星和卫星导航系统进行时间传递成为主要手段。表 9.4 给出了各种授时技术及其特点比较。

表 9.4 授时技术及其特点比较

授时方式	时间传递准确度	频率传递准确度	覆盖范围	主要特点	典型系统
甚低频	10ms	10^{-11}	全球	可连续自动比对	Omega
电话	1～10ms	10^{-8}	电话覆盖区	可连续自动比对	—
短波(广播)	1～10ms	10^{-6}～10^{-8}	全球	提供用户要求精度	BPM
长波(广播)	1ms	10^{-10}～10^{-11}	区域	可连续自动比对	—
长波(导航)	1μs	10^{-12}	区域	可连续自动比对	Loran-C
导航卫星(单站)	20～500ns	10^{-10}～10^{-13}	全球	可连续自动比对	GPS
导航卫星(共视)	5～20ns	10^{-13}～10^{-15}	洲际	数据需事后处理	GPS
卫星双向	1～10ns	10^{-14}～10^{-15}	通信卫星覆盖区	数据需事后处理	—

9.6.1 基于卫星的时间比对技术

最早利用卫星进行时间比对采用的技术为 GPS 单向时间比对，但是 GPS 单向时间比对只能达到约 20ns 的精度。随着频标技术的不断发展，对时间比对精度要求越来越高，GPS 单向时间比对不能满足现代实验室之间高精度时间比对的需要。在此基础上，人们又提出了 GPS 共视法。GPS 共视法能够使两站间的共同误差得到消除或削弱，因此大大提高了时间比对的精度。目前，GPS 共视法是 TAI 系统中最广泛应用的比对手段。GPS 共视法被首次应用于远距离时间比对之前，Loran-C 地面导航系统被广泛应用，该技术一天最佳频率稳定度为 10^{-12}。在参与原子钟组综合守时计算时，为反映原子钟的实际性能，必须利用统计方法（平滑、滤波）把比对噪声降低到一定水平。利用 Loran-C 系统获得的数据的平滑时间为 50 天，当采用 GPS 技术进行时间比对时，平滑时间降低为 10 天。对于 1000km 基线长度的 GPS 共视观测数据，只需要 1 天的平滑即可反映原子钟的性能（王正明，2000；蔺玉亭，2009）。

最初进行的 GPS 共视法为 GPS 单通道 C/A 码共视比对。近年来，为了与原子频标的发展相适应，双向卫星时频传输（two-way satellite time and frequency transfer，TWSTFT）、GPS 多通道 C/A 码共视比对、GLONASS P 码时间比对和 GPS 载波相位时频比对等技术应运而生，它们在 TAI 的计算中逐步取代了单通道的 GPS 共视法。表 9.5 给出了 2007 年 TAI 比对方式统计（蔺玉亭，2009）。

表 9.5　TAI 比对方式统计

比对方式	比对链路数目	所占比例/%
GPS 单通道 C/A 码共视比对	10	21
GPS 多通道 C/A 码共视比对	17	37
GPS P 码共视比对	11	24
TWSTFT	7	16
INT LNK(光纤直连)	1	2

9.6.2　长波时间比对技术

长波即频率在 30～300kHz 的波段，这个波段适合局部地区的标准时间与频率传播，尽管在无线电通信初期人们就知道长波特性是稳定可靠的，一些发射台在 20 世纪中叶就开始授时业务，但是直到 20 世纪 60 年代，人们才普遍采用长波波段传输时间频率。长波时间频率传递系统不是独立发展起来的，而是伴随着建立在时间测量基础上的无线电导航系统发展起来的。

目前，典型的长波授时系统包括：英国的 MSF 授时台，发射频率为 60kHz，载波功率为 25kW；美国的 Loran-C 系统，发射频率为 100kHz，载波功率从几百 kW 到 1800kW。Loran-C 远程无线电导航系统是美国在 20 世纪 50 年代末以军事应用为目的而研制的。从 1957 年美国在东海岸建成第一个 Loran-C 导航台链到现在，全世界 Loran-C 台链近 30 个，主副台合计近 80 个，这些台链分别属于美国、加拿大、俄罗斯、沙特阿拉伯、法国、日本和中国等国家。Loran-C 系统的导航覆盖区包括北美洲、欧洲、地中海、北太平洋等的主要海域和部分陆地，是目前世界上使用最广泛的陆基长波远程高精度无线电导航系统。其中，我国于 1968 年建成 Loran-A(长河一号)，BPL 长波授时系统于 1979 年建成试播，1983 年开始正式授时，是国家授时中心主要授时手段，20 世纪 80 年代后期相继建成 Loran-C 导航链(长河二号)。长河二号有 6 个台站，同 BPL 一起可覆盖我国大部分陆地和中近海域，形成我国比较丰富的 Loran-C 资源。下面详细介绍我国 BPL 授时台的基本情况。

BPL 系统是我国为数不多的具有授时功能的陆基长波授时系统，在我国二代卫星导航系统运行之前依然是我国高精度授时的主要手段。虽然 GPS 运行以来，其定时、定位精度较高且接收设备价格低而备受青睐，但在军事方面，绝对不能依赖美国的 GPS。

BPL 长波授时台曾先后参与了我国包括“两弹一星”在内的上百次卫星发射、测控和武器试验的发射、测控任务。长河二号导航台链承担了包括我国核潜艇在内的舰、艇、远洋测量船、渔船、飞机的导航定位任务。可见，Loran-C 系统在国防和国民经济应用中已经发挥了很大的作用。因此，在我国研制出自己的全球导航定位、授时系统之前，长河二号和 BPL 长波信号实现导航定位、授时，可以满足当时我国国民经济建设和国防现代化的需要。

长波授时的优点在于信号传播路径较为稳定，授时精度高，地波信号的覆盖范围一般在 1000km，天波信号的覆盖范围一般为 2500km。长波信号的定时精度为微秒量级，校频精度为 10^{-12} 量级，它的缺点是接收系统较为复杂。

9.6.3　短波时间比对技术

短波即频率在 3～30MHz 的无线电波段。自 20 世纪初采用无线电授时以来，短波信号得到了广泛应用。下面列出国际无线电咨询委员会给出的短波授时业务的分配波段：

(1)2.5MHz±5kHz。

(2)5.0MHz±5kHz。

(3)10.0MHz±5kHz。

(4)15.0MHz±10kHz。

(5)20.0MHz±10kHz。

(6)25.0MHz±10kHz。

目前，世界上许多国家仍然在采用几个规定波段发播短波时号，比较著名的包括美国的 WWVH 短波时号、日本的 JJY 短波时号及我国的 BPM 短波时号等。下面以 BPM 短波时号为例介绍短波授时的情况。

BPM 短波授时台位于陕西省蒲城县，中国科学院国家授时中心经由微波信道(视线距离 71km)实施 NTSC 时频基准对 BPM 发射标准的控制。短波授时台的系统构成包括微波站、工作钟房、发射机房、发射天线和监测系统等部分。

微波站通过微波信道将 BPM 发播标准的频率与 NTSC 标准频率进行比对，相位微跃计按比对结果对发播标准的频率进行微调，使其输出信号的频率和相位与 NTSC 频率保持一致。工作钟房由发播工作钟和时频控制系统组成，配置 UTC 分频钟、UT1 分频钟和发播程序产生器，按照设定程序实时控制发播所需的标准时频信号。发射机房由发射机、发播控制系统和天线交换开关组成，BPM 短波授时台有 7 台发射机。发播控制系统接收工作钟房的标准时频信号和程序信号，将其放大、匹配后送往各发射机。它控制发射机的开机、关机、频率预置，也可控制天线交换开关的切换。BPM 短波授时台有 5 副发射天线，其中 4 副为固定频率天线，1 副为宽带天线，形式为变形对称偶极子天线。

短波信号具有以下优点：

(1)发射和接收设备简单,成本较低。

(2)信号的覆盖范围广,用中等发射功率(通常低于20kW)就可以实现全球覆盖。

(3)再分配的授时频带中可以采用特殊带宽法使时间脉冲得到调制。

(4)在离发射机160km之内,接收地波信号的精度大体可与发射控制精度相同。

短波信号的缺点也很明显,远距离信号经由电离层反射传播,受传播介质影响,接收精度较低。电离层传播的不稳定性决定了时间频率比对精度,接收的载频信号相位随路径长度和传播速度的变化而起伏。这些起伏把频率比对的精度限制在约10^{-9},把定时精度限制在500～1000μs。使用短波信号时,遵循下述准则有利于改善接收精度:

(1)应在每天电波路径处于全亮或全暗的同一时刻进行接收,即避免应用日出或日落时的电波路径。

(2)不在电离层扰动期间接收。

(3)尽量使用最高可用的接收频率。

(4)避开通过极区的电波路径。

(5)使用带有定向天线的专用接收机。

对接收资料进行长期平均,可以消除某些传播不规则的影响。

我国自主卫星导航系统的建成和正式投入使用,不仅实现了我国拥有自主导航定位系统的目标,而且在很大程度上解决了我国空基授时的问题,填补了我国卫星授时的空白,真正实现了我国空基-陆基授时系统相互补充、共同发展的基本目标。

综上所述,时间比对技术已经由过去的搬运钟和Loran-C比对,发展到现在的GPS单通道和多通道C/A码共视比对、TWSTFT、GLONASS P码共视比对、GPS载波时频比对以及激光时间比对等共存和互补的状态。比对精度也由以前的毫秒量级、微秒量级发展到现在的纳秒量级、0.1ns量级甚至更优。可以预见,GPS载波时间比对技术、GPS/GLONASS全视时间比对技术等高精度时间比对技术的完善和成熟将极大地提高远程时间比对能力,使得异地高精度的原子钟参与本地守时变为可能,为原子钟资源的有效共享提供技术支持。

9.7　守时理论的发展

守时系统及其理论的发展与完善不仅依赖硬件、装备的发展,同时依赖软件、算法、模型等的提高,下面分别介绍原子钟性能分析理论及守时算法等方面的发展状况。

9.7.1 原子钟性能分析理论的发展

原子钟性能分析主要在时域和频域下进行。由于原子钟输出信号中存在调制的闪变噪声(功率谱密度的一种,与谱频率成反比),随着钟差数据采样数目的增加,频率偏差的标准差会出现对数发散现象,且难以精确定义平均频率。

Allan 对经典方差的估计值(贝塞尔公式)进行深入研究,发现此估计值的数学期望对各种噪声都是收敛的,进而提出利用"双采样方差"(即 Allan 方差)计算原子钟时域稳定度,1971 年,Barnes 等时频领域学者正式向电气与电子工程师协会(Institute of Electrical and Electronics Engineers,IEEE)时频技术委员会建议采用 Allan 方差作为原子钟时域稳定度标准计算方法。改进 Allan 方差的提出解决了 Allan 方差无法分辨调相白噪声和调相闪变噪声的问题。为了进一步提高方差置信度和对数据的适应能力,重叠 Allan 方差、总方差、时间方差、TH-1 方差等基于 Allan 方差的稳定度评估参数和分析方法被相继提出。

双采样方差对描述铯钟的频率稳定度具有良好的效果,但对于存在显著频率漂移项的氢钟和铷钟,其稳定度结果会受到频率漂移影响。Hadamard 方差采用三次采样方差计算方法克服了频率漂移对稳定度计算的影响,此后重叠 Hadamard 方差、Hadamard 总方差也逐渐得到应用,在 GPS 卫星钟的评估等方面取得了很好效果。此外自相关函数也可以用来分析频率稳定度,但结果并不直观,常用于理论方面的分析。

通过利用随机信号处理理论研究 Allan 方差估值的置信度问题,有学者建立了依据频差数据计算 Allan 方差及其标准差的信号处理模型,针对给定的置信度,给出了 Allan 方差的置信区间。在证明了几种时域方差(Allan 方差、改进 Allan 方差)具有通用表达式的基础上,有学者给出了广义 Allan 方差的一般公式,证明了时域方差与频域稳定度具有互换特性。针对频率源的五种噪声,有学者建立了新的时域模型-动态模型。以此模型为基础并结合"降阶-积分"方法,推导出了全部五种噪声在相位上的自相关函数,得到了相对 Allan 方差更为广泛、更具一般性的时域噪声特性(卫国,1992)。

原子钟信号的频域特征描述一般采用功率谱密度和单边带相位噪声与载波的功率比。常用的描述频率源频率稳定度的功率谱密度有三类:频率偏差的功率谱密度、相位偏差的功率谱密度、时间偏差的功率谱密度。功率谱密度 $S_y(f)$定义为瞬时分数频率偏差的谱密度,其单位为 Hz^{-1}。$S_y(f)$的值无法精确测定,但其估计值可以得到。一般来说,随机过程的频域性质与时域性质可以互相唯一确定。也就是说,一个随机过程的频域性质唯一地确定了它的时域性质。对于平稳过程,频域与时域的相互关系恰好是一对傅里叶变换。然而对于原子钟的噪声幂律谱模型，噪声不满足平稳遍历条件，导致时域与频域间转换在理论上遇到了困难。

综上所述，原子钟性能分析的相关理论、方法一直备受重视。以 Allan 方差、Hadamard 方差和功率谱密度为代表的系列参数是评估原子钟精度、噪声的基本工具，对守时、授时以及高精度时间比对技术具有重要的意义。Allan 方差系列仍然是原子钟时域稳定度分析的主要工具。Allan 方差是一种很特殊的分析方法，与统计学及信号处理中的通用方法相去甚远，这影响了 Allan 方差在其他领域的应用，也限制了常用的数据处理方法在时频领域的应用。但 Allan 方差在时频领域显示出了良好的适用性，目前尚未找到可以替代 Allan 方差的评估指标。提高方差估计值的置信度并提高分析方法对观测数据的适应能力一直是研究的热点。采用重叠 Allan 方差、总方差、TH-1 方差都是为了获取更好的置信度。

9.7.2　守时算法的发展

在实践中，理想时钟是不存在的，任何物理钟都有误差。这种误差除了与时钟自身的因素有关，还与其运行的物理环境有关。为了减弱时钟误差的影响，提高时间计量的精度，人们通常采用多台原子钟或原子钟组进行综合处理，以求得理想时标的最或然值。这个纸面时间称为综合原子时。本质上，一台原子钟和一个原子钟组计算出的时间尺度都是计算时间。从时间的产生过程来看，它们之间没有任何差别。原子时算法的理论基础是原子钟的噪声模型。原子钟之间的相互关系，实际上就是它们之间的噪声关系，通过各自的噪声系数反映到算法中。这样，原子时算法就是原子钟噪声的某种组合。因为总噪声模型是各种噪声在数学上的体现，所以原子时算法也可以认为是一种噪声模型，是关于整个原子钟组的噪声模型。

目前，全球精度最高的综合原子时就是 TAI，在 2008 年它采用了约 70 个实验室的 350 台左右的原子钟进行综合守时，并拥有 12 台频率基准设备进行频率驾驭(9 台为铯喷泉基准钟)。TAI 的频率稳定度为 0.4×10^{-15}，频率准确度为 2×10^{-15}。TAI 算法采用的是从 20 世纪 70 年代开始一直延续下来的 ALGOS 算法。该算法的显著特点是事后计算处理，可以有效地消除异常数据对时间尺度的影响。原子钟的比对一般通过 GPS 共视完成，因此数据时间间隔设置较长，便于共视误差的平均抵消。

TAI 守时钟组的组成和时间比对的手段不断发生变化，2006 年，TAI 开始在实验室之间利用精密单点定位技术进行时间比对实验，有 20 个实验室参加了这一实验，结果通过 BIPM 的服务器定期发布。随着比对技术的发展，TAI 算法经历了如下发展阶段。1973 年 7 月以前，TAI 是由 7 个实验室的原子时 TA(i)的平均来计算的(加权平均)。1973 年 7 月以后，TAI 直接以各实验室的原子钟数据为基础来计算，即应用频率稳定度算法 ALGOS 来计算。1977 年 1 月以前，TAI 不经过自由时间尺度(echelle atomique libre，EAL)直接得到，即 TAI 等于 EAL。1977 年 1 月人们根据实验室铯钟对 TAI 进行了 1×10^{-12} 的频率校正以后，在 TAI 的计算中，先计算自由时间尺度 EAL，然后根据它与实验室铯基准的频率比较，确定频率改正值，由 EAL 换算得到 TAI。这种方法称为频率控制，它是采用微小频率步进调整方法进行的。从 1981 年 1 月开始，对 ALGOS 算法的权重上限及取权重限制措施进行了一些调整。从 1988 年 1 月开始，再次对 ALGOS 算法的权重上限进行了调整，并对确定最终权重的限制措施提出了严格的要求，以便突出优良钟的贡献。1996 年，ALGOS 算法的计算周期由 2 个月调为 1 个月，数据点也由每 10 天 1 个改为每 5 天 1 个。1998 年，ALGOS 算法又将过去的最大绝对权重改为最大相对权重，所有参加计算的原子钟的权重和为 1，最大相对权重为 0.7%。2001 年，ALGOS 算法进一步改变取权重规则，放弃不变的最大相对权重，而采用变化的相对权重 $W=A/N$(其中 A 为经验常数，N 为参加计算的原子钟总数)，并提高达到最大权重的条件，当年令 $A=2$(王正明等，2000)。2002 年 7 月，又将 A 值调整为 2.5。

ALGOS 算法是典型的事后处理算法，批量处理观测数据便于分辨观测数据中的异常值。ALGOS 算法采用最小二乘法预报成员钟的频率，并利用长期计算间隔下的频率值计算频率方差，确定成员钟的权值，结果不受季节变化带来的影响。ALGOS 算法充分发挥了大规模钟组的优势。

美国 NIST 钟组由商品铯钟、主动型氢脉泽钟和频率基准钟组成，生成的是一个近实时时间尺度。观测间隔和计算间隔均为 2h，当前计算间隔内的原子时只与前一个间隔的数据有关。AT1 算法始于 1968 年，最早的 AT1 算法是一种基于 Kalman 滤波的自由原子时算法。到 20 世纪 80 年代末，一些学者又提出一种考虑原子钟频率变化的 AT1 算法，该算法能够自动监测频率步进并在最少的技术监控下也能正常运行，给出的实验结果验证了算法的可行性。到 20 世纪 90 年代，AT1 算法进行了部分改进。

USNO 的 GPST 间系统采用的是一种组合钟算法。用优良钟(明显比较稳定的钟)的平均值能够检测出其他钟的长期频率偏差和频率漂移，从而对平均值进行修正。铯钟的长期稳定性更优，因此用性能最好的铯钟来纠正一般的铯钟和氢钟，可以得到铯钟和氢钟的平均值。氢钟平均值代表了最精确的短期项平均值，经过纠正后它在长期项的精度上与铯钟相当。为了得到一个与当前时间吻合情况更好的平均值，创建一个新的时间尺度：最新的氢钟拥有最大的权重，而时间较久的氢钟几乎没有权重，同时还与铯钟相关。这一时间尺度被命名为 A.1。

GPS 组合钟算法早期采用的方式是相对于主钟的计算模式。该模式的基本思想是：假定主钟状态已知，即没有初始协方差和模型噪声。从钟组中去除主钟的状态参量，从而得到一个包含 $n-1$ 台钟的方程，并由观测方程求得 $n-1$ 台钟的状态参数。从原理上来说，可以将系统内的任意一台真实钟作为主钟，但每台真实钟都是具有不同模型噪声的随机过程，因此不同的钟作为主钟将得到不同的计算结果。为了避免指定主钟方法的缺陷，将一个硬件钟组安置在主控站，这样，主控站一个相当稳定的钟组系统就能提供一个非常稳定的 GPST 间参考。这个钟组有时也被称为“海军钟组”。在发展硬件钟组的同时，人们提出了 GPS 组合钟并将其投入使用。GPS 组合钟是系统内所有原子钟的软件钟，它包括地面钟和星载钟，这就是现在 GPST 间系统采用的以所有钟的平均值作为参考的组合钟算法。

为提高时间尺度的稳定性，USNO 向 BIPM 提供钟数据，这些钟数据是取自世界各地的原子实验室数据的平均值，加上闰秒就是 UTC。在这个平均值中，USNO 的华盛顿站权重为 35%，加上 USNO 的 AMC 站，总权重超过了 50%。BIPM 每月计算一次并发布 UTC 与主钟间的差值；对主钟进行调整，使其与 UTC 保持尽可能一致。

综上所述，目前综合原子时算法研究主要具有以下特点：①完备的时频系统，在具备独立、稳定的原子钟组的同时，必然需要可靠、先进的原子时算法辅助，才能得到性能指标优越的综合原子时；②综合原子时算法基本思想仍基于综合钟原理，以钟组成员的加权平均计算综合原子时。综合原子时算法调整原子钟之间的相互关系(每一种关系代表不同的物理实现过程)，最终目标是将综合时间尺度的不确定度限制到最小。综合原子时算法的研究重点主要集中在：原子钟加权方法分析、时间尺度的归算、综合时间尺度连续性分析、原子钟模型建立等方面。

参考文献

暴景阳. 2009. 海洋测绘垂直基准综论. 海洋测绘,29(2):70-73.

陈俊勇. 2003. 世界大地坐标系统 1984 的最新精化. 测绘通报,(2):1-3.

陈俊勇. 2005. IERS 地球参考系统、大地测量常数及其实现. 大地测量与地球动力学,(3):5-10.

陈俊勇. 2008. 中国现代大地基准——中国大地坐标系统 2000(CGCS2000)及其框架. 测绘学报,37(3):5-7.

陈俊勇,党亚民,张鹏. 2009. 建设我国现代化测绘基准体系的思考. 测绘通报,(7):1-5.

成英燕,党亚民,秘金钟,等. 2017. CGCS2000 框架维持方法分析. 武汉大学学报 . 信息科学版,42(4):543-549.

程鹏飞,成英燕. 2017. 我国毫米级框架实现与维持发展现状和趋势. 测绘学报,46(10):129-137.

程鹏飞,成英燕. 2018. 基于 GNSS 的 CGCS2000 数据处理技术综述. 武汉大学学报 . 信息科学版,43(12):318-325.

程鹏飞,成英燕,秘金钟,等. 2014. 2000 国家大地坐标系建立的理论与方法. 北京:测绘出版社.

程鹏飞,文汉江,刘焕玲,等. 2019. 卫星大地测量学的研究现状及发展趋势. 武汉大学学报 . 信息科学版,44(1):48-54.

程鹏飞,文汉江,刘焕玲,等. 2019. 卫星重力与卫星测高的研究进展. 测绘科学,44(6):16-22.

党亚民. 2010. 大地坐标系统及其应用. 北京:测绘出版社.

党亚民,许长辉,王虎,等. 2019. 国家北斗动态基准服务产品精度分析. 测绘科学,44(6):23-28.

党亚民,章传银,陈俊勇,等. 2015. 现代大地测量基准. 北京:测绘出版社.

丁仕军,陈建忠. 2019. 山东省陆海无缝垂直基准的初步实现及其应用. 测绘通报,(S2):293-297.

董克刚,易长荣,许才军,等. 2008. 利用 GPS 监测天津市地面沉降的可行性研究. 大地测量与地球动力学,28(4):68-71.

董绍武,王燕平,武文俊,等. 2018. 国际原子时及 NTSC 守时工作进展. 时间频率学报,41(2):73-79.

傅彦博,朱新慧,孙付平,等. 2017. ITRF2014 框架简介. 大地测量与地球动力学,37(5):446-449.

郭海荣. 2006. 导航卫星原子钟时频特性分析理论与方法研究. 郑州:信息工程大学.

郭海荣,焦文海,杨元喜,等. 2004. 1985 国家高程基准的系统差. 武汉大学学报・信息科学版,29(8):715-718.

韩春好. 1990. 相对论框架中的天球参考系和地心参考系. 南京:南京大学.

韩春好. 1994a. 相对论参考系的基本概念及常用时空坐标间的变换. 解放军测绘学院学报,11(3):153-160.

韩春好. 1994b. 相对论天体测量学中的基本概念和定义. 解放军测绘学院学报,11(4):238-244.

韩春好. 2002. 相对论框架中的时间计量. 天文学进展,(2):107-113.

韩春好. 2012. 军用标准时间及应用. 郑州:信息工程大学测绘学院报告.
韩春好. 2017. 时空测量原理. 北京:科学出版社.
郝金明,吕志伟. 2015. 卫星定位理论与方法. 北京:解放军出版社.
黄秉英,周渭,张荫柏. 1996. 计量测试技术手册(时间频率卷). 北京:中国计量出版社.
焦文海. 2003. 卫星导航系统坐标基准建立问题的研究. 上海:中国科学院上海天文台.
焦文海,丁群,李建文,等. 2011. GNSS 开放服务的监测评估. 中国科学:物理学 力学 天文学, 41(5):521-527.
焦文海,魏子卿,马欣,等. 2002. 1985 国家高程基准相对于大地水准面的垂直偏差. 测绘学报, 31(3):196-200.
金文敬,唐正宏,黄乘利,等. 2003. 国际地球自转服务(IERS)评介. 天文学进展,21(1):26-32.
柯灝. 2012. 海洋无缝垂直基准构建理论和方法研究. 武汉:武汉大学.
李硕,于闫涛,闫建华,等. 2011. GNSS 时间系统兼容与互用技术研究. 2011 年全国时间频率学术会议,北京:488-490.
李跃. 2008. 导航与定位:信息化战争的北斗星. 2 版. 北京:国防工业出版社.
廖永岩. 2007. 地球科学原理. 北京:海洋出版社.
蔺玉亭. 2009. 原子钟性能分析理论与综合原子时守时算法研究. 郑州:信息工程大学.
刘春保. 2019. 2018 年国外导航卫星发展综述. 国际太空,(482):42-47.
刘健,曹冲. 2020. 全球卫星导航系统发展现状与趋势. 导航定位学报,8(1):1-8.
刘利. 2004. 相对论时间比对理论与高精度时间同步技术. 郑州:信息工程大学.
刘忆宁,焦文海,张晓磊,等. 2016. 格洛纳斯卫星导航系统原理. 4 版. 北京:国防工业出版社.
柳根,程鹏飞,成英燕,等. 2019. 一种适用于 CGCS2000 坐标框架的多源数据融合方法. 测绘科学,44(3):1-7.
吕志平,李健,张西光. 2012. 2000 中国大地坐标系及其应用. 北京:解放军出版社.
吕志平,乔书波. 2010. 大地测量学基础. 北京:测绘出版社.
马超,李斐,张胜凯,等. 2016. 冰川均衡调整(GIA)模型研究进展. 地球物理学进展,31(5): 1965-1972.
马高峰. 2011. VLBI2010 与 GNSS 联合数据分析的理论及方法研究. 郑州:信息工程大学.
马宗晋,陈鑫连,叶叔华,等. 2001. 中国大陆区现今地壳运动的 GPS 研究. 科学通报,46(13): 1118-1120.
迈克尔·索非,洛夫·郎汉. 2015. 时空参考系. 王若璞,赵东明,译,北京:科学出版社.
缪德都,李本贤. 2008. Leica 电子水准仪在地面沉降监测中的应用. 勘察科学技术,(4):56-58.
宁津生. 2002. 现代大地测量参考系统. 测绘学报,31(z1):7-11.
宁津生,陈俊勇,李德仁,等. 2016. 测绘学概论. 3 版. 武汉:武汉大学出版社.
宁津生,刘经南,陈俊勇,等. 2006. 现代测量理论与技术. 武汉:武汉大学出版社.
宁津生,王华,程鹏飞,等. 2015. 2000 国家大地坐标系框架体系建设及其进展. 武汉大学学报·信息科学版,40(5):569-573.
牛顿. 2006. 自然哲学之数学原理. 王克迪,译. 北京:北京大学出版社.
乔书波,李金岭,孙付平,等. 2007. ICRF 的现状分析及未来的发展. 天文学进展,25(2):147-160.

秦永元. 2020. 惯性导航. 3 版. 北京:科学出版社.
邵传青,郭家伟,王洁,等. 2008. 地面沉降预测的灰色-马尔可夫模型. 中国地质灾害与防治学报,19(3):69-72.
申家双,葛忠孝,陈长林. 2018. 我国海洋测绘研究进展. 海洋测绘,38(4):1-10.
施建平,楼楠,欧阳桂崇,等. 2016. 美国的垂直基准转换及启示. 测绘科学,41(1):85-88.
孙付平. 1994. 基于空间技术的现代地壳运动研究——地球参考系、现代板块运动、全球构造. 上海:中国科学院上海天文台.
孙付平,张伦东,李万里. 2015. 惯性导航原理. 郑州:信息工程大学.
孙学华,周兴华,孙啸. 2011. 海陆垂直基准统一的研究进展. 海岸工程,30(2):75-79.
童宝润. 2004. 时间统一技术. 北京:国防工业出版社.
王正明. 2004a. TAI 和 UTC 的进展. 宇航计测技术,24(1):11-16.
王正明. 2004b. 守时工作进展. 天文学进展,22(2):104-114.
王正明,高俊法. 2000. 高精度国际时间比对的进展. 天文学进展,18(3):181-191.
卫国. 1992. 频率源噪声的时域特性分析. 中国科学,10(A):1096-1102.
魏子卿. 2008. 2000 中国大地坐标系及其与 WGS84 的比较. 大地测量与地球动力学,28(5):5-9.
魏子卿. 2013. 关于北斗卫星导航系统坐标系的研讨. 测绘科学与工程,33(2):1-5.
魏子卿,刘光明,吴富梅. 2011. 2000 中国大地坐标系:中国大陆速度场. 测绘学报,40(4):403-410.
魏子卿,吴富梅,刘光明. 2019. 北斗坐标系. 测绘学报,48(7):805-809.
吴富梅,魏子卿,刘光明. 2018. 通过大港验潮站坐标确定我国高程基准的垂直偏差. 测绘学报,47(10):1295-1300.
吴海涛,李孝辉,卢晓春,等. 2011. 卫星导航系统时间基础. 北京:科学出版社.
徐菊生,王建华,赖锡安,等. 2001. 垂直基准定义及联接. 地壳形变与地震,21(1):24-34.
徐世依. 2017. 北斗参考框架建立的理论与实验研究. 郑州:信息工程大学.
许家琨. 2002. 沿岸当地平均海水面的高程求取与应用. 海洋测绘,22(5):16-19.
许家琨,申家双,缪世伟,等. 2011. 海洋测绘垂直基准的建立与转换. 海洋测绘,31(1):4-8.
许其凤. 2001. 空间大地测量学:卫星导航与精密定位. 北京:解放军出版社.
杨元喜. 2009. 2000 中国大地坐标系. 科学通报,54(16):2271-2276.
杨元喜,陆明泉,韩春好. 2016. GNSS 互操作若干问题. 测绘学报,45(3):253-259.
杨元喜,徐天河. 2001. 不同坐标系综合变换法. 武汉大学学报·信息科学版,26(6):509-513.
杨元喜,徐天河,薛树强. 2017. 我国海洋大地测量基准与海洋导航技术研究进展与展望. 测绘学报,46(1):1-8.
曾安敏,明锋,景一帆. 2015. WGS 84 坐标框架与我国 BDS 坐标框架的建设. 导航定位学报,(3):43-48.
曾华霖. 2008. 北美国家高程基准面及重力异常计算方法的重大修改. 物理与化探,32(1):8-12.
张悍卫,马国强,杜兰. 2004. 广义相对论框架中有关时间的定义与应用. 测绘学院学报,21(3):160-162.
张西光. 2009. 地球参考框架的理论与方法. 郑州:信息工程大学.

中国卫星导航系统管理办公室. 2013. 北斗卫星导航系统空间信号接口控制文件公开服务信号(2.0版). 北京:中国卫星导航系统管理办公室.

中国卫星导航系统管理办公室. 2017. 北斗卫星导航系统空间信号接口控制文件公开服务信号B1C、B2a. 北京:中国卫星导航系统管理办公室.

中央军委. 2019. 中国人民解放军标准时间管理规定. 新华月报,(2):45-46.

周兴华,付延光,许军. 2017. 海洋垂直基准研究进展与展望. 测绘学报,46(10):1770-1777.

朱新慧. 2005. 空间地球动力学若干问题研究. 郑州:信息工程大学.

朱新慧,孙付平. 2014. 现代地壳运动参考基准建立方法. 北京:测绘出版社.

Altamimi Z, Boucher C, Sillard P. 2002. New trends for the realization of the international terrestrial reference system. Advances in Space Research,30(2):175-184.

Altamimi Z, Collilieux X, Legrand J, et al. 2007. ITRF2005: A new release of the international terrestrial reference frame based on time series of station positions and Earth orientation parameters. Journal of Geophysical Research Solid Earth,112(B9):1-19.

Altamimi Z, Collilieux X, Metivier L. 2011. ITRF2008: An improved solution of the international terrestrial reference frame. Journal of Geodesy,85(8):457-473.

Altamimi Z, Rebischung P, Métivier L, et al. 2016. ITRF2014: A new release of the international terrestrial reference frame modeling nonlinear station motions. Journal of Geophysical Research Solid Earth,121:6109-6131.

Altamimi Z, Rebischung P, Métivier L, et al. 2019. Status update on the European satellite navigation system(GALILEO). The 14th Meeting of the International Committee on GNSS, Bangalore.

Altamimi Z, Sillard P, Boucher C. 2002. ITRF2000: A new release of the international terrestrial reference frame for Earth science applications. Journal of Geophysical Research Solid Earth, 107(B10):1-19.

Argus D F, Gordon R G. 1991. No-net-rotation model of current plate velocities incorporating plate motion model NUVEL-1. Geophysical Research Letters,18(11):2039-2042.

Argus D F, Peltier W R, Drummond R, et al. 2014. The Antarctica component of postglacial rebound model ICE-6G_C(VM5a) based on GPS positioning, exposure age dating of ice thicknesses, and relative sea level histories. Geophysical Journal International,198(1):537-563.

Barnes J A, Chi A R, Cutler L S, et al. 1971. Characterization of frequency stability. IEEE Transaction on Instrumentation and Measurement,20(2):146-160.

Christopher F P. 2005. The national spatial reference system readjustment of NAD 83. Surveying and Land Information Science,65(2):69-74.

DeMets C, Gordon R G, Argus D F, et al. 1994. Effect of recent revisions to the geomagnetic reversal time scale on estimates of current plate motions. Geophysical Research Letters, 21(20):2191-2194.

Drewes H. 2009. The Actual Plate Kinematic and Crustal Deformation Model APKIM2005 as Basis for a Non-rotating ITRF. Berlin: Springer.

Drewes H. 2009. Reference Systems, Reference Frames, and the Geodetic Datum. Berlin: Springer.

European Union. Galileo open service signal in space interface control document. 2015. http://galileognss.eu/galileo-os-sis-icd/[2020-10-10].

Featherstone W E, Kirby J F, Hirt C, et al. 2011. The Ausgeoid09 model of the Australian height datum. Journal of Geodesy, 85(3): 133-150.

Featherstone W E, Kuhn M. 2006. Height systems and vertical datums: A review in the Australian context. Journal of Spatial Science, 51(1): 21-41.

Gendt G, Altamimi Z, Dach R, et al. 2011. GGSP: Realisation and maintenance of the Galileo terrestrial reference frame. Advances in Space Research, (47): 174-185.

Hambrey M, Alean J. 2004. Glaciers. 2ed. Cambridge: Cambridge University Press.

Harold W M. 2019. Global positioning system (GPS) program and policy update. The 14th Meeting of the International Committee on GNSS, Bangalore.

IAC PNT(Information and Analysis Center for Positioning, Navigation and Timing). 2014. "PARAMETRY ZEMLI 1990"(PZ-90. 11) reference document. Military Topographic Department of the General Staff of Armed Forces of the Russian Federation, Moscow.

Igor G. 2019. GLONASS reference frame evolution. The 14th Meeting of the International Committee on GNSS, Bangalore.

Ivan R. 2019. GLONASS and SDCM status and development. The 14th Meeting of the International Committee on GNSS, Bangalore.

McCarthy D D, Petit G. 1996. IERS Convention. IERS Technical Note, 21: 1-95.

McCarthy D D, Petit G. 2004. IERS Conventions(2003). Germany: International Earth Rotation And Reference Systems Service(IERS).

Michael J M, Everett R S, Robert F W, et al. 2002. A refinement to the world geodetic system 1984 reference frame. Presented at the Institute of Navigation, ION-GPS-2002, Portland.

United States. Defense Mapping Agency. 1987. Department of Defense World Geodetic System 1984: Its Definition and Relationships with Local Geodetic Systems. Washington D. C: Defense Mapping Agency.

United States Space Force. GPS open service signal in space interface control document. 2012. http://www.gps.gov/technical/icwg/[2020-10-10].

NGA(National Geospatial-intelligence Agency) NGA. STND. 0036_1. 0. 0_WGS84. 2014. World Geodetic System 1984: Its Definition and Relationships with Local Geodetic Systems. Washington D. C: Office of Geomatics, Department of Defense.

NGS(National Geodetic Survey). 2020a. Datums and reference frames. https://www.ngs.noaa.gov/datums[2020-11-10].

NGS(National Geodetic Survey). 2020b. New Datums: Replacing NAVD88 and NAD83 in 2022. https://geodesy.noaa.gov/datums/newdatums/index.shtml[2020-11-10].

Peltier W R. 2002. Global glacial isostatic adjustment: Palaeogeodetic and space-geodetic tests of the ICE-4G(VM2) model. Journal of Quaternary Science, 17(5-6): 491-510.

Peltier W R. 2004. Global glacial isostasy and the surface of the ice-age Earth: The ICE-5G(VM2) model and GRACE. Annual Review of Earth and Planetary Sciences, 32: 111-149.

Petit G, Luzum B. 2010. IERS Conventions(2010). Germany: Bureau International des Poids et Mesures Sevres(france).

Russian Institute of Space Device Engineering. GLONASS open service signal in space interface control document. 2008. https://www. glonass-iac. ru[2020-10-10].

Seitz M, Angermann D, Blossfeld M, et al. 2014. ITRF realization of DGFI: DTRF2014. EGU General Assembly Conference, Vienna.

Sjöberg L. 2011. On the Definition and Realization of a Global Vertical Datum. Journal of Geodetic Science, 1(2): 154-157.

Stephen M, Robert W, Scott A T. 2016. The WGS 84 terrestrial reference frame in 2016. The 11th Meeting of the International Committee on GNSS, Sochi.

Stephen Malys. 2018. Evolution of the world geodetic system 1984(WGS 84) terrestrial reference frame. The 13th Meeting of the International Committee on GNSS, Xi'an.

Tushingham A M, Peltier W R. 1991. Ice-3G: A new global model of late pleistocene deglaciation based upon geophysical predictions of post-glacial relative sea level change. Journal of Geophysical Research: Solid Earth(1978-2012), 96(B3): 4497-4523.

Werner E. 2016. Galileo terrestrial reference frame(GTRF)-status. The 11th Meeting of the International Committee on GNSS, Sochi.

Werner E. 2018. Galileo terrestrial reference frame(GTRF)-status. The 13th Meeting of the International Committee on GNSS, Xi'an.